KB169963

우주는 계속되지 않는다

우주는 계속되지 않는다

천체물리학자가 바라본 우주의 종말

케이티 맥

하인해 옮김

까치

The End of Everything : (Astrophysically Speaking)

by Katie Mack

Copyright © 2020 by Dr. Katie Mack
All rights reserved.
Korean Edition Copyright © 2021 by Kachi Publishing Co., Ltd.
This Korean edition is published by arrangement with Intercontinental Literary Agency through Shinwon Agency Co., Seoul.

이 책의 한국어판 저작권은 신원 에이전시를 통해서 저작권사와 독점계약한 (주)까치글방에 있습니다. 저작권법에 의하여 한국 내에서 보호를 받는 저작물이므로 무단전재와 복제를 금합니다.

역자 하인해(河仁海)

인하대학교 화학공학부와 한국외국어대학교 통번역대학원에서 공부했고, 졸업 후에는 정부 기관과 법무 법인에서 통번역사로 일했다. 글밥아카데미 수료 후 현재는 바른번역 소속 번역가로 과학과 인문사회 분야의 책을 번역하고 있다. 옮긴 책으로는 『스티븐 호킹 : 삶과 물리학을 함께한 우정의 기록』, 『헤어』, 『찻잔 속 물리학』, 『블록으로 설명하는 입자물리학』, 『익숙한 일상의 낯선 양자 물리』 등이 있으며, 계간지 「한국 스켑틱」 번역에 참여하고 있다.

편집, 교정_ 권은희(權恩喜)

우주는 계속되지 않는다 : 천체물리학자가 바라본 우주의 종말

저자/케이티 맥
역자/하인해
발행처/까치글방
발행인/박후영
주소/서울시 용산구 서빙고로 67, 파크타워 103동 1003호
전화/02 · 735 · 8998, 736 · 7768
팩시밀리/02 · 723 · 4591
홈페이지/www.kachibooks.co.kr
전자우편/kachibooks@gmail.com
등록번호/1-528
등록일/1977. 8. 5
초판 1쇄 발행일/2021. 10. 5
　　2쇄 발행일/2022. 3. 30

값/뒤표지에 쓰여 있음
ISBN 978-89-7291-753-3 03440

태초부터 그곳에 계셔온 어머니에게

앨프리드 P. 슬론 재단이 주관하는
대중을 위한 과학 이해 프로그램의 너그러운 후원 덕분에
이 책을 무사히 집필할 수 있었다.

차례

제1장

우주를 소개합니다

어떤 이는 세계가 불 속에서 끝날 거라고 하고
어떤 이는 얼음 속에서 끝날 거라고 한다.
내가 맛본 욕망으로는
불 속이라고 말하는 자들 편에 서야 한다.
하지만 세상이 두 번의 끝을 맞는다면
내가 보아온 그 수많은 증오로 짐작건대
얼음 역시 세상을 무너뜨리기에
더없이 충분하다.
—로버트 프로스트, 1920년

역사 내내 시인과 철학자들은 세상이 어떻게 끝날지를 두고 추측하고 토론해왔다. 물론 과학 덕분에 이제 우리는 답을 안다. 세상은 불로 끝난다. 의심의 여지 없이 불이다. 앞으로 약 50억 년 동안 태양이 계속 팽창해서 적색거성이 되면 수성 궤도를 덮친 후에 어쩌면 금성까지 삼킬 것이고, 그러는 사이에 열에 그을리고 마그마로 덮여버린 지구는 생명이라고는 찾아볼 수 없는 돌덩이가 된다. 그러다가 마침내 무생물 지구의 잔해 역시 소멸해가는 태양의 바깥층으로 나선을 그리며 빨려들고 원자들은 소용돌이치는 항성 대기에서 흩어지는 운명을 맞게 될 것이다.

그러므로 세상은 불 속에서 끝난다. 답이 나온 문제이다. 프로스트가 옳았다.

그러나 프로스트는 더 크게 생각하지는 못했다. 나는 우주론자이다. 우주 전체를 가장 큰 척도에서 연구한다. 우주론적 관점에서 보면 이 세상은 광활하고 다채로운 공간을 떠도는 감상적인 먼지 한 톨에 불과하다. 학자로서만이 아니라 개인적으로도 내가 품은 질문은 더 원대하다. 우주는 어떻게 끝날 것인가?

우리는 우주에 시작이 있었음을 알고 있다. 약 138억 년 전 상상조차 할 수 없을 만큼 밀도가 높은 상태였다가 만물을 아우르는 불덩이가 되었고, 이후 온도가 내려가고 물질과 에너지가 흐르면서 현재 우리가 목격하는 항성과 은하계들이 탄생할 씨가 뿌려졌다. 그러고는 행성들이 만들어졌고, 은하들이 충돌했으며, 빛이 우주를 채웠다. 나선형 은하의 가장자리 부근에 있던 어느 항성 주위로 표면이 딱딱한 행성이 궤도를 그리기 시작했고, 그곳에서 생명, 컴퓨터, 정치가 생겨났고 물리학 책에서 재미를 찾는 빼빼 마른 이족 보행 포유류도 태어났다.

그런데 그 다음은 무엇일까? 이 이야기의 끝에서는 무슨 일이 벌어질까? 행성뿐 아니라 항성이 죽더라도 원칙적으로 생명은 살아남을 수 있다. 수십억 년이 지나고 지금과는 전혀 다른 모습일 인류는 우주의 아주 먼 곳에 터전을 닦아 새로운 문명을 일으킬지도 모른다. 그러나 우주의 죽음은 진정한 끝이다. 우주가 궁극적인 마지막을 맞는다면, 우리를 비롯한 만물에 이것은 어떤 의미일까?

최후의 시간에 오신 것을 환영합니다

우주의 끝을 이야기한 고전적인 (그러면서도 무척 흥미로운) 과학 문헌들도 있지만, 나는 "종말론"이라는 단어를 종교에 관한 글에서 처음으로 접했다.

세상의 끝을 일컫는 종말론은 전 세계 여러 종교들이 교리를 구체화하고 그 의미를 강력하게 전달하는 수단이었다. 기독교, 유대교, 이슬람교의 신학적 이론은 서로 다르지만, 세상이 바뀌어 선이 악을 이기고 신이 선택한 자들은 구원을 받는다는 종말에 관한 시각은 모두 동일하다.* 종교가 마지막 심판을 약속하는 까닭은 선한 삶을 사는 사람들에게 보상을 주고 가치를 부여하기에는 우리가 사는 이 세상이 불완전하고 불공정하며 변덕스럽다는 안타까운 사실을 벌충하기 위해서일 것이다. 어떤 소설이 훌륭했는지 아니면 시간 낭비였는지는 마지막 장에서 판가름날 때가 많은 것처럼, 종교들은 애초의 존재 의미를 세상의 끝, 특히 "공정한" 끝에서 찾는 듯하다.

물론 종말론이라고 해서 무조건 구원을 약속하지는 않으며 모든 종교가 종말을 예언하지는 않는다. 마야 달력이 2012년 말로 끝났다는 이야기가 떠돌기는 했지만, 사실 마야인들은 힌두교도와 마찬가지로 우주는 구체적인 "끝"이 없이 계속 순환한다고 믿었다. 마야인과 힌두교도가 믿는 우주는 그저 반복되는 것이 아니라 다음 주기가 시작될 때마다 세상이 더 나아질 가능성을 얻는다. 이번 세상

---

* 구체적으로 누가 어떻게 구원받는지는 다르다.

이 괴롭더라도 새로운 세상이 올 것이므로 걱정하지 않아도 된다. 지금의 억울함은 더 나은 삶을 위한 일이다. 한편 종말에 관한 세속적인 이야기는 모든 것이 무의미하다는 허무주의 관점(결국 무[無]가 승리하리라는 생각)부터 지금 일어난 모든 일이 같은 방식으로 무한하게 반복된다는 흥미로운 영원 회귀에 이르기까지 광범위하다.* 허무주의와 영원 회귀는 얼핏 전혀 다른 이론처럼 보이지만 모두 프리드리히 니체의 사상에서 비롯되었다. 우주에 질서와 의미를 부여할 신이 죽었다고 선언한 니체는 마지막 구원이 존재하지 않는 우주에서의 삶이 어떤 의미인지 고뇌했다.

물론 존재의 의미를 고민한 사람이 니체만이 아니다. 아리스토텔레스부터 노자, 시몬 드 보부아르, 「스타트렉」의 커크 함장, 텔레비전 드라마 「뱀파이어 해결사」에 이르기까지 모두 "존재의 의미"를 물었다. 내가 이 책을 쓰고 있는 지금까지도 답은 나오지 않았다.

우리가 어떤 종교나 철학을 믿든 믿지 않든 우주의 운명을 안다면 존재에 관한 생각 심지어 삶을 사는 방식도 분명 달라질 것이다. 지금 하는 행동이 과연 중요한지 알고 싶다면, 우선 물어야 하는 질문은 그 행동이 "궁극적으로 어떤 결과로 나타날 것인가?"이다. 질문의 답을 찾으면 곧바로 "지금 우리에게는 어떤 의미인가?"를 묻게 된다. 우주는 언젠가 사라질 텐데 다음 주 화요일에 쓰레기를 버리는 일이 중요할까?

---

* 2000년대 초에 방영된 고전 텔레비전 시리즈 「배틀스타 갤럭티카」도 영원 회귀 개념을 옹호했지만 철학적 근거는 제시하지 않았다.

나 역시 답을 구하기 위해서 신학과 철학 문헌을 탐독하며 여러 놀라운 사실들을 발견했지만, 안타깝게도 존재 의미는 찾지 못했다. 그저 신학과 철학이 나의 적성에는 맞지 않아서일지도 모른다. 내가 가장 강렬하게 끌린 질문과 답은 항상 과학적 관찰, 수학, 물리학적 증거로 설명할 수 있는 내용이었다. 이따금 삶의 이야기 전부와 의미를 단 한 권에 모두 담은 듯한 무척 흥미로운 책을 만날 때면, 나는 나 자신이 수학으로 설명할 수 있는 사실만 받아들이는 사람이라는 사실을 새삼 깨달았다.

하늘 바라보기

인류가 처음으로 소멸의 숙명을 고민하게 된 이래로 이 질문에 대한 철학적 의미는 수천 년간 거의 변하지 않았지만 답을 구하는 데에 필요한 도구들은 변했다. 이제 모든 실재(實在, reality)의 미래와 궁극적 운명에 관한 질문은 전적으로 과학의 영역으로, 그 답은 거의 손에 닿을 듯하다. 항상 그러했던 것은 아니다. 로버트 프로스트가 살던 시대만 해도 천문학자들은 우주가 영원히 변하지 않는 정상 상태(steady state)인지를 놓고 격렬하게 논쟁을 벌였다. 안정적이고 안락한 우주에서 무사히 삶을 보낼 수 있다는 생각은 많은 사람들의 마음을 사로잡았다. 하지만 이 같은 주장은 빅뱅과 우주 팽창의 발견으로 무너졌다. 우리 우주는 변하고 있고, 정확히 어떻게 변하는지에 대한 이론과 관찰은 이제 막 걸음마를 뗐다. 우리는 지난 몇 년, 심지어 몇 달 동안 이룬 성취로 마침내 우주의 아주 먼 미래를 그릴 수 있게 되었다.

나는 여러분과 함께 그 그림을 살펴보고자 한다. 우리가 측정한 최고의 결과들과 일치하는 종말 시나리오는 얼마 되지 않으며 그마저도 앞으로 이루어질 관측에 따라서 몇몇은 배제되고 일부만이 살아남을 것이다. 종말 가능성들을 탐색하는 과정에서 우리는 최첨단 과학이 작용하는 방식을 이해하고 인류를 새로운 맥락에서 바라보게 될 것이다. 내가 보기에는 완전한 파괴 앞에서도 기쁨을 누릴 수 있는 맥락이다. 인간은 스스로 보잘것없는 존재임을 인식하면서도 평범한 삶을 초월하여 우주의 가장 근본적인 신비를 풀 능력을 지닌 종이다.

톨스토이의 말을 약간 응용한다면, 행복한 우주는 모두 같은 모습이지만 행복하지 않은 우주의 불행은 제각각이다. 이 책에서는 우주에 관해서 지금 우리가 가지고 있는 불완전한 지식에서 기인하는 작은 차이들이 미래의 모습을 얼마나 달라지게 할지를 이야기할 것이다. 우주는 수축하여 내부 붕괴할 수도 있고, 갈기갈기 찢길 수도 있으며, 빠져나갈 수 없는 죽음의 거품 안에 점차 갇힐 수도 있다. 우주와 그 끝에 관한 지금 우리의 지식이 어떻게 진화해왔는지를 살펴보고, 그것이 우리에게 주는 의미를 파헤쳐 나가다 보면, 중요한 물리학 개념들과 만나게 되고 그 개념들이 우주의 종말들*뿐 아니라 우리의 일상과 어떻게 이어져 있는지를 알게 될 것이다.

* 종말은 정말 단 하나의 모습으로 나타날까?

우주 종말의 정량화

물론 우주 종말을 매일같이 생각하는 사람들도 있다.

나는 우주가 언제라도 끝날 수 있다는 사실을 알게 된 순간을 생생하게 기억한다. 대학생 시절에 피니 교수님은 매주 저녁 자신의 집에 디저트를 차려놓고 천문학 수업을 듣는 학생들을 초대했다. 그날도 나는 동기들과 거실 바닥에 앉아 있었고 의자에 앉은 교수님의 무릎에는 세 살배기 딸이 앉아 있었다. 교수님은 초기 우주가 갑작스럽게 팽창한 우주 인플레이션이 시작된 이유와 끝난 이유는 불가사의해서 지금 당장 또다시 일어난다고 해도 이상하지 않다고 설명했다. 우리가 쿠키와 차를 즐기는 거실이 한순간에 어떤 생명도 살아남지 못할 곳으로 변하지 않으리라는 보장은 없었다.

나는 엄청난 충격에 휩싸여 내 몸을 단단히 떠받치고 있는 바닥도 의심하기에 이르렀다. 교수님이 희미한 웃음을 머금으며 다른 주제로 넘어가는 동안 우주가 언제라도 폭발할 수 있다는 사실을 전혀 모른 채 꼼지락거리는 세 살배기의 모습은 나의 뇌리에 영원히 박혔다.

어엿한 과학자가 된 지금, 나는 그날 피니 교수님의 미소를 이해할 수 있다. 너무나 강력해서 결코 멈출 수는 없지만 수학적으로 완벽하게 설명할 수 있는 현상들을 연구하다 보면 형용하기 힘든 희열에 젖는다. 과학자들은 우리 우주가 맞을 미래의 가능성들을 최고의 데이터를 바탕으로 설명하고 계산하여 확률을 예측해왔다. 또한 번 격렬한 우주 인플레이션이 곧 일어날지는 확신할 수 없지만 그 가능성에 관한 공식들은 있다. 하잘것없는 우리 인간이 우주의 끝을 막을 수는 (또는 영향을 줄 수는) 없어도 최소한 이해하기 시작했다는 사실은 큰 위안이 된다.

우주의 광활함과 가늠하기 힘들 만큼 강력한 힘들을 대수롭지 않게 생각하는 물리학자들도 있다. 그들은 우주의 모든 것을 수학으로 표현하고 공식을 매만진 다음 아무런 감정 없이 일상을 이어나간다. 하지만 모든 것이 한순간에 사라질 수 있고 내가 할 수 있는 일은 아무것도 없다는 사실을 깨닫고 내가 느낀 충격과 혼돈은 나에게 영원한 각인을 남겼다. 세상에 막 나온 아기를 안으면 생명의 미약함과 아직은 알 수 없는 크나큰 잠재력을 동시에 느끼게 되듯이, 우주적 관점에 발을 들이면 공포와 희망을 동시에 느끼게 된다. 우주에서 돌아온 우주인은 이른바 "조망 효과"로 인해서 세계관이 달라진다고 한다. 지구를 위에서 바라본 뒤에는 인류의 작은 오아시스가 얼마나 연약한지를 깨닫고 아마도 우주에서 유일하게 사고하는 존재일 우리 인간이 서로에게 기대어 살아가야 한다는 사실을 온전히 납득하게 되기 때문이다.

나는 우주의 궁극적 마지막을 생각할 때에 그런 경험을 한다. 가장 먼 시간을 생각할 수 있고 그것에 대해서 합리적으로 이야기할 수단이 있다는 사실은 크나큰 지적 기쁨이다. 우리는 "이 모든 것이 정말 영원할 수 있을까?"라고 물으며 은연중에 우리의 존재를 정당화하고 무한한 미래로 확장하며 우리가 남길 유산을 가늠하고 점검한다. 진정한 끝이 있다는 사실을 받아들이면 우리는 삶의 맥락과 의미뿐 아니라 희망을 발견할 수 있으며, 역설적이게도 일상의 사소한 걱정거리에서 벗어나 매 순간을 더 풍요롭게 누릴 수 있다. 이것이 우리가 찾는 의미일지도 모른다.

분명 우리는 답에 다가가고 있다. 정치적 관점에서는 세상이 무너져가고 있을지 모르지만, 과학적으로는 황금기를 맞고 있다. 물리학 분야에서 달성한 최근의 여러 발견들과 새로운 기술적, 이론적 도구들 덕분에 우리는 이전에는 불가능했던 도약을 이루었다. 우주의 시작에 관한 지식은 지난 수십 년 동안 발전해왔지만, 우주의 끝에 대한 과학적 탐구는 이제야 르네상스에 진입했다. 강력한 망원경과 입자 충돌기가 제시하는 무척 흥미롭고 (동시에 무시무시한) 새로운 가능성들은 우주의 먼 미래에 일어날 일과 일어나지 않을 일에 관한 우리의 사고를 탈바꿈시켰다. 눈부시게 발전하고 있는 망원경과 입자 충돌기는 인류를 심연의 가장자리에 세우고 궁극의 암흑이 어떤 모습일지 바라보게 해준다. 물론 숫자를 통해서이다.

물리학의 한 분야인 우주론은 의미 자체를 찾는 대신에 근본적인 진실을 파헤친다. 실재의 근본적인 구조를 이해할 힌트를 얻기 위해서 우주의 형태, 물질과 에너지의 분포, 우주의 진화를 지배하는 힘들을 정밀하게 측정한다. 많은 사람들은 물리학이 실험실에서 발전했다고 생각하지만, 자연을 지배하는 기본 법칙에 관한 인류의 지식 대부분은 실험 자체가 아니라 실험 결과가 천체 관측 결과와 맺는 관계를 이해하면서 탄생했다. 예를 들면 물리학자들이 원자 구조를 밝힐 수 있었던 것은 햇빛에서 관찰한 스펙트럼 선의 패턴에 방사능 실험 결과를 연결했기 때문이다. 뉴턴의 만유인력 법칙은 기울어진 판자 위에서 블록을 아래로 미끄러트리는 힘과 달과 행성들을 궤도에 머물게 하는 힘이 같다는 사실을 밝혔다. 만유인력 법칙을 토대로 중력에 대한 기존의 이해를 완전히 뒤집은 아인슈타인의 일반상대성이론 역시 지구에서 이루어진 어떤 측정을 통해서가 아니라 수성의 공전 궤도의 오차와 개기일식 동안 별들의 위치를 관측하여 입증되었다.

지구의 최첨단 실험실에서 수십 년간의 엄격한 실험을 통해서 개발된 입자물리학 모형들이 불완전하다는 사실을 우리가 알게 된 것도 하늘을 관측하면서이다. 우리 은하처럼 수십억에서 수조 개의 항성을 아우르는 은하들의 움직임과 분포는 입자물리학 이론의 허점들을 드러냈다. 우리는 아직 그 해결책을 모르지만 우주 탐험이 큰 역할을 하리라고 확신한다. 이미 우리는 우주론과 입자물리학의 만남 덕분에 시공간(spacetime)의 기본 형태를 가늠하고, 실재의 구성요소를 파악하고, 행성과 은하가 탄생하기 전의 시간을 탐색하여 생명체로서뿐 아니라 물질 자체로서 우리의 기원을 추적할 수 있게 되었다.

물론 이는 쌍방향이다. 현대 우주론이 아주 작은 척도에 대해서도 알려주듯이, 입자 이론과 실험들 역시 가장 큰 척도에서 우주가 작동하는 방식을 알려준다. 물리학의 핵심은 이처럼 위에서 아래로 향하는 접근법과 아래에서 위를 향하는 접근법으로 엮여 있다. 대중문화는 과학 발전이 유레카를 외치게 하는 획기적인 발견과 놀라운 사고방식의 전환으로만 이루어졌다는 오해를 불러일으키지만, 우리의 지식은 과학자들이 기존 이론들을 극단으로 몰고 가서 어떻게 이론이 깨지는지를 관찰한 덕분에 한 걸음 더 나아간 경우가 훨씬 더 많다. 언덕 아래로 공을 굴리거나 하늘에서 행성들이 몇 센티미터씩 이동하는 모습을 보면서, 뉴턴은 우리에게 태양 부근에서 일어나는 시공간 휘어짐이나 블랙홀 내부의 상상 불가능한 중력을 설명할 이론이 필요하리라고는 미처 생각하지 못했을 것이다. 미래 인류가 중성자 하나에 작용하는 중력의 영향까지도 측정하려고 한다는 것은 꿈도 꾸지 못했을 것이다.* 다행히도 엄청나게 광활한 우주는 많은 극한의 환경을 관찰하게 해준다. 심지어는 우주 전체가 극한의 환경이었던 초기 우주도 연구할 수 있게 해준다.

잠깐 용어를 살펴보자. 포괄적인 과학 용어인 **우주론**(cosmology)은 우주의 탄생에서부터 종말에 이르기까지 우주의 구성물질, 진화, 기본적인 물리학 원리를 아우르는 학문 전반을 일컫는다. **천체물리학**(astrophysics) 분야에서 아주 먼 물체를 연구하는 사람이 모두 우주론자인 이유는 (1) 먼 곳을 바라보는 것은 우주의 많은 부분을 관찰한다는 의미이며, (2) 멀리 떨어진 물체에서 나오는 빛은 우리 눈에 닿기까지 수십억 년이 걸리기도 하므로 멀리 있는 물체일수록 과거의 물체이기 때문이다. 우주의 진화나 초기 역사를 연구하는 천체물리학자도 있고, 멀리 떨어진 물체(은하나 은하단 등)와 그 특성

---

* 중성자를 튕기면 된다. 말 그대로이다. 우선 중성자를 거의 절대 0도로 냉각한 다음 천천히 움직이게 한 후에 탁구채로 공을 맞히듯이 위아래로 튕긴다. 이 방법은 우주 전체의 팽창을 가속하는 미지의 에너지인 암흑 에너지에 대해서도 알려준다. 물리학은 정말 종잡을 수가 없다.

을 파헤치는 천체물리학자도 있다. 물리학에서 우주론은 훨씬 이론적인 분야이다. 예를 들면 물리학 분야의 우주론자들은 (천문학 우주론자들과 달리) 우주가 탄생한 직후 첫 10억 분의 10억 분의 1초에 작용했을 지금과는 다른 입자물리학 구성들을 연구한다. 고차원 공간에서만 존재할 수 있는 블랙홀 같은 가상의 대상에 아인슈타인의 중력 이론을 적용하려면, 어떻게 이론을 수정해야 할지를 고민하는 물리학 우주론자들도 있다. 심지어 우리 우주와 형태, 차원의 수, 역사가 전혀 다른 가상의 우주들을 연구하는 우주론자들도 있다. 그들은 다른 우주에 관한 이론의 수학적 구조를 밝히다 보면 언젠가는 우리에게 미치는 영향이 밝혀질지도 모른다고 생각한다.*

그러므로 우주론은 사람마다 다른 의미를 가진다. 은하의 진화를 연구하는 우주론자와 블랙홀을 증발시키는 양자장(quantum field)을 연구하는 우주론자가 대화를 나눈다면 서로 이해하지 못할 공산이 크다.

나는 이 모든 것을 사랑한다. 나는 열 살에 스티븐 호킹의 책과 강연을 접하면서 처음 우주론을 알게 되었다. 블랙홀, 시공간 휘어짐, 빅뱅을 비롯한 그의 모든 이야기는 나의 머릿속을 휘저었다. 나

---

* 이 같은 이론들 중에서 상당수를 끈 이론가들이 만들었다(끈 이론은 중력과 입자물리학을 새로운 방식으로 결합한 이론을 전반적으로 일컫는 용어이지만, 지금 연구 대부분은 "실제" 세계에 관한 것이라기보다는 수학적 비유에 의존한다). 나는 끈 이론 강연을 들을 때면 손을 든 뒤에 끈 이론의 계산은 우리 우주와는 아무 관련이 없다는 사실을 지적해야 하는 것이 아닌가 싶어 안절부절못한다. 내가 끈 이론을 처음 접했을 때처럼 혼란에 빠질 사람이 분명 있을 것이기 때문이다.

는 그의 이야기를 끊임없이 원했다. 호킹이 자신을 우주론자로 일컫는다는 사실을 알게 되었을 때에는 나 역시 우주론자가 되고 싶었다. 몇 년 동안 나는 물리학과 천문학을 오가며 블랙홀, 은하, 성간 가스, 빅뱅의 온갖 복잡한 내용, 암흑 물질, 우주가 눈 깜빡할 사이에 사라질 가능성에 대해서 연구했다.* 방황하던 젊은 시절에는 실험 입자물리학에도 기웃거리며 핵물리학 실험실에서 레이저를 발사했고(기록이 어떻게 남았는지는 모르겠지만, 그때 발생한 불은 내 잘못이 아니다), 높이가 40미터에 달하는 지하 중성미자 탐지기 안에서 고무보트를 타고 노를 젓기도 했다(그때 일어난 폭발도 내 잘못이 아니다).

이제 내가 제법 확고하게 이론가라는 사실은 모두에게 다행한 일일 듯하다. 다시 말해서 나는 관찰이나 실험, 데이터 분석을 하는 대신, 미래에 이루어질 관찰이나 실험이 어떤 결과로 이어질지를 예측한다. 내가 주로 연구하는 분야인 현상학은 새로운 이론의 정립과 새 이론의 검증 사이에 자리한다. 바꿔 말하면 나의 일은 우주 구조에 관한 이론가들의 가설을, 관측 천문학자와 실험 물리학자가 자신들의 데이터에서 발견하기를 바라는 결과와 연결 지을 새롭고 창의적인 방식을 찾는 것이다. 그러므로 나는 모든 것을 깊이 배워야 하고,** 나에게 이것은 무척 신나는 일이다.

---

* 우주가 사라질 가능성에 큰 흥미를 느낀 나머지 이 책을 쓰기에 이르렀다. 나 자신도 왜 이토록 우주의 마지막에 열광하는지 모르겠다. 그다지 바람직한 징후는 아닐 듯하다.

** 이 책에서 말하는 우주는 말 그대로 **모든 것**을 의미한다.

스포일러 주의

나에게 이 책은 모든 것은 어디로 갈지, 그 의미는 무엇일지, 이 같은 질문을 던지면서 우리가 우주에 대해서 무엇을 배울 수 있는지를 더욱 깊이 고민하기 위한 구실이다. 사실 이 모든 질문들에 단 하나의 정답은 없으며 모든 존재가 어떤 운명을 맞을지는 여전히 아무도 모른다. 우리가 결론을 내리는 데에 필요한 연구는 활발히 진행 중이며 데이터 해석이 조금이라도 달라지면 완전히 뒤바뀔 수 있다. 이 책에서 우리는 우주론자들이 현재 열띠게 벌이고 있는 논의들을 바탕으로 선별한 다섯 가지 가능성을 살펴보고 각각을 뒷받침하거나 반박하는 증거들을 파헤칠 것이다.

각각의 시나리오는 서로 전혀 다른 종말을 제시하고 종말을 이끄는 물리적 과정도 제각각이지만, 우주에 끝이 있다는 한 가지 사실에는 모두 동의한다. 내가 현대 우주론에 관해서 이제껏 읽은 진지한 문헌들 중에는 우주가 영원히 변하지 않고 계속 존재할 것이라는 주장은 없었다. 최소한 관측 가능한 우주는 모든 것이 파괴되어 어떤 조직적인 구조도 존재할 수 없는 변화를 겪을 것이다. 이 책에서 나는 이 변화를 우주의 끝이라고 부를 것이다(무작위적인 양자 요동*으로 일시적으로 지각을 지닌 존재가 출현해서 이 글을 읽게 된다면 미안하다). 몇몇 시나리오는 우주가 새롭게 태어나거나 심지어 어떤 방식으로든 과거를 반복할 것이라고 암시하지만, 과거 여

* 이 문장이 무슨 뜻인지는 볼츠만 두뇌가 등장하는 제4장에서 알게 될 것이다.

정에 관한 희미한 기억이 계속 유지될지는 우주의 종말을 원칙적으로 피할 수 있는지와 더불어 뜨거운 논쟁거리이다. 가장 중요한 사실은 우리가 존재하는 작은 섬인 이른바 관측 가능한 우주의 마지막은 진정 궁극적인 끝이리라는 것이다. 내가 이 책에서 무엇보다도 하고 싶은 이야기는 그 끝이 어떻게 일어날지이다.

우선 다음 장에서는 모든 독자들이 내용을 잘 따라올 수 있도록 우주가 탄생하여 지금에 이르게 된 과정을 잠시 짚어보도록 하자. 그다음 본격적으로 파괴를 이야기하자. 5개의 장에 걸쳐 각각의 종말 가능성을 분석하며 우주 종말이 어떻게 시작되고, 종말의 모습은 어떠할 것이며, 실재에 관한 인류의 물리학 지식이 변하면 종말 가설이 어떻게 달라질지를 알아보자. 첫 번째 가능성으로는 현재의 우주 팽창의 방향이 바뀌면서 우주가 대붕괴를 맞는 빅 크런치를 이야기할 것이다. 그다음 이어지는 암흑 에너지에 관한 2개의 장에서는 우주가 영원히 팽창하다가 텅 빈 암흑으로 바뀌는 종말과 우주가 말 그대로 갈기갈기 찢기는 종말을 살펴본다. 그다음으로는 우주를 집어삼키는 **죽음의 양자 거품***이 발생하는 진공 붕괴를 다룬다. 마지막으로는 우리 우주가 평행 우주와 끊임없이 충돌하면서 소멸하는 다차원 공간 이론 같은 순환 우주론 가설들을 이야기한다. 마지막 장에서는 지금까지의 시나리오들 가운데 어떤 것이 가장 설득력이 있는지에 대한 여러 전문가들의 의견을 종합해보고 최신 망원경과 실험들이 우리의 질문들에 얼마만큼 대답을 해줄지 예

---

* 정확히는 "진짜 진공 거품"이지만 무시무시하게 들리기는 마찬가지이다.

측해보도록 하자.

상상도 하지 못할 정도로 광활한 곳에서 작디작은 삶을 사는 인간에게 이 모든 것이 어떤 의미일지는 전혀 다른 문제이다. 에필로그에서는 의식이 우리의 소멸을 초월할 유산을 남길 수 있을지에 대해서 여러 관점에서 생각해볼 것이다.*

우주가 불이나 얼음 아니면 상상도 하지 못할 다른 무엇인가로 종말을 맞게 될지는 지금으로서 알 수 없다. 그저 우리는 우주가 거대하고, 아름다우며, 탐험할 가치가 있는 멋진 곳이라는 사실만을 알 뿐이다. 우리가 여전히 탐험할 수만 있다면 말이다.

---

* 또다른 스포일러를 유출하자면 그다지 희망적이지는 않아 보인다.

제2장

빅뱅부터 현재에 이르기까지

시작은 끝을 예견하고 요구한다.
—앤 레키, 『사소한 정의(*Ancillary Justice*)』

나는 시간여행 이야기를 좋아한다. 사실 타임머신에 관한 물리학 원리는 영 미심쩍고, 시간여행으로 인해서 발생하는 갖가지 모순들은 좀처럼 받아들이기 어렵다. 그래도 미지의 목적지를 향해 거침없이 질주하는 "현재"의 초고속 열차에서 탈출해서 과거와 미래에 개입할 트릭이 존재할지도 모른다는 생각은 상상만 해도 짜릿하다. 선형적 시간은 너무나도 제한적이고 심지어 허무해 보인다. 왜 우리는 시곗바늘이 앞으로 움직인다는 단순한 이유로 그 모든 시간과 가능성을 영원히 잃어야만 하는가? 우리가 선형적인 시간의 강압에 익숙해져 있다고 해서 반드시 순종해야만 하는 것은 아니다.

다행히 우주론이 도움을 줄 수 있다. 물론 일상생활에서는 아니다. 우리가 이야기할 조금 낯선 물리학 분야는 당신이 어제 지하철에 놓고 온 우산을 찾아주지는 못한다. 하지만 우리 삶은 그대로이더라도 존재에 관한 다른 모든 것은 분명 영원히 변할 수 있다.

우주론자에게 과거는 도달할 수 없는 잃어버린 영역이 아니다. 과거는 우주에 실재하는 관측 가능한 곳이고, 우리의 연구 대부분은 그곳에서 이루어진다. 책상 앞에 가만히 앉아서도 수백만 년, 아니 수십억 년 전에 일어난 천문학적 사건의 과정을 알 수 있다. 그 트릭은 우주론 고유의 원리가 아닌 우리가 사는 우주의 구조에 내재되어 있는 것이다.

핵심은 빛이 이동할 때에 시간이 걸린다는 사실이다. 빛은 1초에 3억 미터로 아주 빠르게 움직이지만 그렇다고 해서 순간 이동을 하는 것은 아니다. 일상적인 예로 설명하자면, 우리가 손전등을 켤 때에 빛이 나오는 시간은 1나노초당 약 30센티미터이고, 손전등의 빛을 받은 사물이 우리에게 다시 빛을 반사하는 데에 걸리는 시간도 같다. 사실 우리가 어떤 대상을 본다는 것은 반사된 빛을 인식하는 과정이므로 빛이 우리의 눈에 도달했을 때의 이미지는 그 대상의 아주 조금 전 과거의 모습이다. 카페에서 당신 앞에 앉은 사람이 조금 지쳐 보이거나 패션 감각이 뒤떨어진 것 같다면, 몇 나노초 전 과거의 모습이기 때문일지도 모른다. 눈에 보이는 모든 것은 과거이다. 우리가 보는 달은 1초가 조금 지난 과거의 달이다. 태양은 8분여 전의 과거이고, 밤하늘의 별들은 수 년에서 수천 년에 이르는 더 먼 과거의 모습이다.

많은 사람들이 빛의 속도에 의한 이 같은 시간 격차에 대해서 이미 들어본 적이 있겠지만, 그 영향은 무척 광범위하다. 천문학자는 하늘을 관찰하여 우주 탄생에서부터 현재에 이르는 진화 과정을 이해할 수 있다. 천문학에서 "광년(光年, light year)" 단위를 사용하는 이

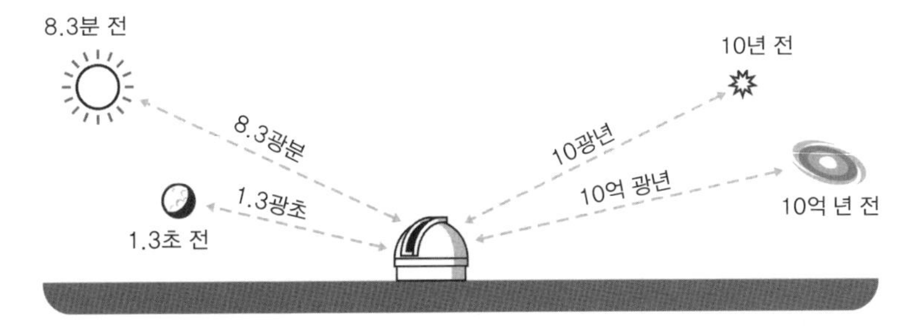

그림 1 빛의 이동 시간 특정 거리를 광초, 광분, 광년으로 표시하는 이유는 빛이 우리에게 닿을 때까지 얼마나 오랫동안 이동했는지 알 수 있어서 우리가 얼마나 먼 과거를 보고 있는지 이해할 수 있기 때문이다(위 그림의 선들은 실제 거리 간의 비율을 반영하지 않고 그렸음을 유념하라!).

유는 그저 규모가 큰 단위(약 9조5,000억 킬로미터 또는 5조9,000억 마일)가 필요해서만이 아니라 빛이 우리가 관찰한 사물로부터 얼마 동안이나 이동했는지를 알려주기 때문이다. 10광년 떨어진 별은 우리 관점에서 10년 전 과거의 모습이다. 100억 광년 떨어진 은하는 100억 년 전의 과거이다. 우주의 역사는 138억 년이므로, 100억 광년 떨어진 은하는 우주 초창기가 어떤 광경이었을지를 짐작하게 해준다. 다시 말해서 우주를 관찰하는 것은 과거를 보는 것이다.

여기에서 반드시 짚고 넘어가야 할 중요한 사실이 있다. 우리는 **우리 자신**의 과거는 절대 볼 수 없다. 빛의 속도에 의해서 시간 격차가 일어난다는 사실은 어떤 사물이 멀리 있을수록 그것은 더 먼 과거의 것이라는 뜻이며, 이 같은 상관관계는 매우 엄격하다. 우리는 바로 이곳에 있는 자신의 과거를 볼 수 없고 먼 은하의 현재도 볼 수 없다. 멀리 있는 사물일수록 우주의 시간을 더 멀리 거슬러 올라간다.

만약 우리가 머나먼 은하의 아득한 과거만 볼 수 있다면, 우리의 과거에 관한 유용한 정보는 어떻게 얻을 수 있을까? 답은 말 그대로 **우주 원리**(cosmological principle)라고 불리는 천체물리학의 핵심 이론에 있다. 우주 원리는 한마디로 우주의 모든 곳이 기본적으로 균일하다는 주장이다. 물론 인간의 척도에서는 그렇지 않다. 지구 표면은 먼 우주 공간이나 태양 중심과 분명하게 다르다. 하지만 각각의 은하를 그저 하나의 점으로 보는 광범위한 천문학 척도에서는 우주가 어느 방향에서 보든 다르지 않으며 구성물질도 모두 같다.* 이러한 개념은 16세기에 니콜라우스 코페르니쿠스가 이단으로 몰리면서까지 주장한 코페르니쿠스 원리와 밀접한 관계를 맺는다. 그는 인간이 사는 지구가 우주에서 "특별한 곳"이 아니며 무작위적으로 선택된 하나의 점일 뿐이라고 역설했다. 그렇다면 10억 광년 떨어진 은하, 다시 말해서 지금의 우주보다 10억 살 어린 우주 속 은하의 모습은 우리가 있는 이곳의 10억 년 전 모습과 거의 같다고 추론할 수 있다. 실제로도 이는 관측을 통해서 어느 정도 증명되었다. 우주 공간의 은하 분포도에 관한 연구들에 따르면, 우주 원리가 제시하는 균일성은 이제까지 관찰된 모든 곳에서 유효하다.

그렇다면 우리는 하늘을 멀리 바라보기만 해도 우주의 진화 과정뿐

---

* 공상과학 장르는 이 사실을 자주 간과한다. 「스타트렉 : 넥스트 제너레이션」의 초기 에피소드 중 하나에서는 우연히 10억 광년을 몇 초만에 이동하여 푸른 에너지와 심상이 일렁이는 심연으로 들어가는 장면이 나오는데 정말 그런 곳이 있다면 망원경으로 관찰할 수 있어야 한다.

만 아니라 우리 은하가 성장한 배경도 알 수 있다.

또 한 가지 알 수 있는 사실은 우주론에서 "지금"은 명확하게 정의된 개념이 아니라는 것이다. 우리가 경험하는 "지금"은 우리가 어디에 있는지 그리고 무엇을 하고 있는지에 따라서 완전히 달라진다.* 우리가 어느 별이 내보내는 빛을 보면서 "초신성이 지금 폭발하려고 한다"라고 말하더라도 사실 그 빛은 수백만 년 동안 이동해 온 빛이 아니던가? 우리가 보고 있는 빛은 분명 과거의 빛이고, 폭발하는 별의 "지금"을 우리는 결코 관찰할 수 없다. 지금 일어나는 폭발은 우리가 앞으로 수백만 년 동안 알지 못할 미래이지 "지금"이 아니다.

3차원 공간에 네 번째 시간 차원을 더한 우주의 4차원 **시공간** 격자를 떠올리면, 과거와 미래는 탄생에서부터 종말까지 넓게 펼쳐진 천 위에 찍힌 두 점으로 생각할 수 있다. 그렇다면 우리에게는 미래에 해당하는 일이더라도 천 위의 다른 곳에 앉은 사람에게는 먼 과거가 된다. 그리고 우리가 수천 년 뒤에나 목격할 사건에서 나온 빛은 (또는 정보는) 이미 시공간을 통해서 "지금" 우리를 향해 오고 있다. 그 사건은 미래인가, 과거인가 아니면 둘 다인가? 모두 관점에 따라서 달라진다.

3차원 세계의 사고방식에 익숙한 사람들에게는 도통 어리둥절한 이야기일 테지만,** 천문학자에게 빛의 유한한 속도는 무척 유용한

---

* 이것은 상대성이론 때문이다. 특수상대성이론에서 시간은 우리가 빨리 움직이면 느려지고, 일반상대성이론에서는 질량이 큰 물체와 가까워지면 느려진다.

** 영화 「백 투 더 퓨처」에서 "4차원 방식으로 생각하지 않고 있잖아!"라는 브라운

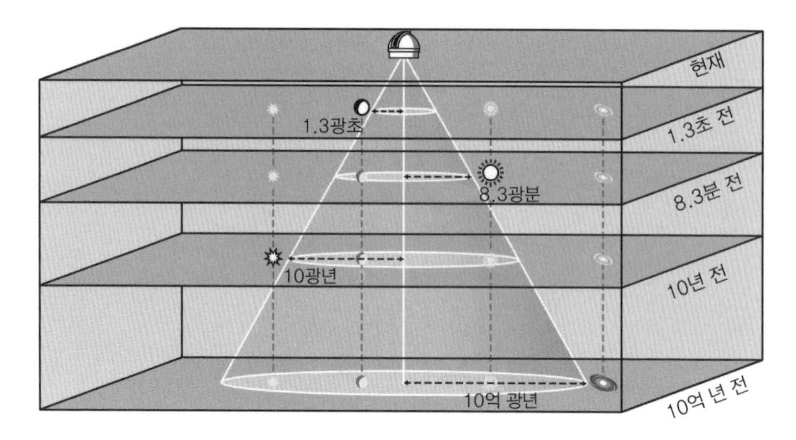

그림 2 시공간을 지나는 빛의 도식 위의 그림에서 시간은 위쪽으로 나아가고, 공간은 3차원이 아닌 2차원이다. 공간 차원에서 정지해 있는 4개의 물체는 옅은 세로 수직 점선으로 알 수 있듯이, 시간이 달라지더라도 위치는 그대로이다. "광원뿔"은 우리가 관측지점에서 관찰할 수 있는 과거의 범위로, 광원뿔에 속한 모든 물체는 그 빛이 우리에게 도달할 수 있을 만큼의 거리 안에 있다. 우리는 10억 광년 떨어진 은하의 10억 년 전 모습은 볼 수 있지만, 그 은하의 "현재"는 광원뿔에 속하지 않으므로 "현재" 모습은 볼 수 없다.

도구이다. 우주의 먼 과거가 남긴 흔적과 자취를 찾는 대신에 직접 변화를 관찰하면 되기 때문이다. 우리는 우주가 아직 30억 살일 때 은하들이 빛을 마음껏 발산한 별의 르네상스 시대(물론 예술과 철학의 르네상스는 한참 먼 이야기이다)를 엿볼 수 있고, 기나긴 시간 동안 은하들의 강렬한 빛이 어떻게 사그라들었는지 이해할 수 있다. 더 오랜 과거로 거슬러올라가서 별빛이 은하들 사이의 어둠을 막 가르기 시작한 5억 살의 우주를 관찰하면, 물질이 초거대질량

박사의 핀잔은 당신에게 하는 말이다.

블랙홀로 소용돌이치며 빨려 들어가는 광경도 볼 수 있다.

곧 새로운 우주 망원경이 나오면, 우리는 우주가 탄생한 지 몇 억 년 지나지 않았을 때에 최초의 은하들이 형성되는 과정도 관찰할 수 있을 것이다. 하지만 그 은하들이 최초의 은하라면, 더 먼 곳을 보면 어떤 일이 일어날까? 아직 은하가 없을 만큼 먼 곳을 과연 관측할 수 있을까? 과학자들은 그럴 계획이다. 현재 제작 중인 전파 망원경은 빛과 수소의 우연한 상호작용을 이용하여 첫 은하들의 재료가 된 물질을 관찰할 수 있을 것이다. 항성과 은하가 될 물질인 수소를 직접 관찰한다면, 우주의 첫 구조물이 탄생하는 과정도 지켜볼 수 있을 것이다.

그보다 더 멀리 본다면? 항성도, 은하도, 수소도 없던 때는 어떠할까? 빅뱅도 볼 수 있을까?

그렇다. 우리는 빅뱅을 볼 수 있다.

빅뱅 관찰하기

많은 사람들이 접한 빅뱅 이미지는 무엇인가의 폭발처럼 보인다. 하나의 점에서 빛과 물질이 한순간에 마구 분출하여 우주 전체로 퍼지는 모습이다. 이는 실제와 다르다. 빅뱅은 우주 안에서 일어난 폭발이 아니라 우주 자체의 팽창이다. 또한 어느 한 곳에서 일어난 것이 아니라 모든 곳에서 일어났다. 먼 은하의 가장자리에 있는 한 점, 반대편으로 그만큼 멀리 떨어져 있는 은하 간 공간의 어느 한 부분, 여러분이 태어난 방을 포함해서 지금 우주에 존재하는 모든 곳은 처음에는 당신의 손에 닿을 만큼 가까이 있었다가 시간의 첫 순간에 아주 빠르게 멀어졌다.

빅뱅 이론은 비교적 단순한 논리이다. 우주의 팽창으로 은하 사이의 거리가 계속 늘어나고 있다면, 이는 과거에는 은하 간의 거리가 좁았을 것이라는 의미이다. 그렇다면 사고 실험을 통해서 지금의 팽창을 역추적하여 수십억 년 전으로 거슬러올라가 은하들 사이의 거리가 0이었을 순간에 도달할 수 있다. 지금 우리에게 보이는 모든 것을 아우르는 관측 가능한 우주는 크기가 훨씬 더 작고 밀도와 온도는 매우 높았을 것이다. 그러나 관측 가능한 우주는 우주 전체에서 우리의 눈에 보이는 일부일 뿐이다. 우리는 그보다 훨씬 먼 곳에도 공간이 펼쳐져 있다는 사실을 안다. 실제로 지금까지의 지식으로 미루어볼 때, 우주의 크기가 무한할 가능성은 아마도 그리고 분명하게 있다. 그렇다면 우주는 처음에도 무한했어야 한다. 다만 밀도가 아주 높았을 뿐이다.

이를 머릿속으로 그려보기는 쉽지 않다. 무한함은 어려운 개념이다. 공간이 무한하다는 것은 어떤 의미일까? 무한한 공간이 팽창한다는 것은 무슨 의미일까? 무한한 공간이 어떻게 더 무한해질 수 있을까?

안타깝지만 내가 도울 방법은 없다.

유한한 뇌에 무한한 공간을 담기란 불가능하다. 내가 알려줄 수 있는 사실은 수학과 물리학에서의 무한함을 합리적으로 설명할 방법들이 있다는 것뿐이다. 우주를 수학으로 설명할 수 있다는 기본 전제를 믿는 우주론자인 나는 새로운 문제들에 접근하는 데에 유용한 수학적 설명이 있다면 그 설명을 따른다.* 좀더 구체적으로 설명하자면, 우리의 경험이나 측정 결과를 수학으로도 설명할 수 있고 다른 전제로도 설명할 수 있을 경우(예컨대 우주가 사실은 무한하지 않고 단지 그 끝을 알 수 없을 만큼 클 뿐이라는 전제)에 더 단순한 전제를 선택한다. 그러므로 우리는 우주가 무한하다고 가정한다. 우주가 무한하다는 가정이면 충분하다.

어떤 전제를 토대로 하든 빅뱅 이론의 핵심은 우리가 현재 목격하는 우주의 팽창과 역사를 고려하면, 우주는 한때 모든 곳의 온도와 밀도가 지금보다 훨씬 높았다는 것이다.** 온도와 밀도가 매우 높았던 0년부터 약 38만 년 동안의 기간***을 "뜨거운 빅뱅"이라고 부른다.

우리는 우주가 얼마나 "뜨겁고 밀도가 높았는지" 역시 가늠할 수 있다. 지금 우리가 누리는 온화하고 쾌적한 우주의 역사를 역추적한다면, 물리학 법칙에 대한 인류의 지식을 무너뜨리는 압력솥 지옥

---

* 다소 가볍게 이야기했지만 사실 이 점은 중요한 문제이다. 현재까지 물리학에서 우리가 하는 일은 **모형**(model)이라고 불리는 우주에 관한 수학적 구성을 만든 뒤에 실험과 관찰을 통해서 해당 모형을 시험하고 수정하여 다른 어떤 설명보다 관찰 결과와 일치한다는 결론을 도출하는 것이다. 그런 다음 모형이 무너질 가능성을 찾는다. 우리는 수학을 우주의 근본 원리라고 믿는 것이 아니라 합리적으로 설명할 다른 방법이 없다고 여길 뿐이다.

** "우리 우주는 모든 곳이 뜨겁고 밀도가 높았지. 그러다가 거의 140억 년 전에 팽창하기 시작했어……." 록밴드 베어네이키드 레이디스가 부른 시트콤 「빅뱅 이론」의 주제곡 도입부는 정확할 뿐 아니라 빅뱅 이론을 탁월하게 요약한다.

*** 물론 이 기간은 시간의 단위를 정의하는 행성의 궤도 운동이 존재하기 전이므로 "연도"라는 단위가 없었을 때이다. 순전히 편의를 위해서 지금 우리가 사용하는 초 단위로 과거를 가늠하여 연도를 나타낸 것이다.

불 같은 과거 우주의 극단적인 환경을 이해할 수 있다.

이것은 그저 이론이 아니다. 우주 팽창을 수학적으로 유추하여 과거에 온도와 밀도가 얼마나 높았는지 계산하는 것과 불지옥 우주(infernoverse)*를 직접 관찰하는 것은 엄연히 다르다.

우주 배경 복사

빅뱅을 머릿속에서 그리기만 하던 우리가 실제로 빅뱅을 보게 된 과정은 우연한 우주론적 발견의 고전적인 사례이다. 1965년 프린스턴 대학교의 물리학자 제임스 피블스는 우주 팽창을 수학적으로 역추적하다가 빅뱅에서 나온 복사선이 여전히 우주에 흐르고 있다는 놀라운 결론에 이르렀다. 게다가 그의 계산에 따르면, 빅뱅 복사선은 탐지가 가능했다. 피블스는 복사선의 예상 진동수와 강도를 계산한 뒤에 동료인 로버트 디키와 데이비드 윌킨슨과 함께 측정장치를 만들기 시작했다. 한편 프린스턴 대학교와 멀지 않은 곳에 있는 벨 연구소에서 천문학 연구에 몰두하고 있던 아노 펜지어스와 로버트 윌슨은 상업적 목적으로 이용되던 마이크로파 탐지기를 손보고 있었다(마이크로파는 전자기 스펙트럼에서 진동수가 전파보다는 높고 적외선, 가시광선보다는 낮은 빛이다). 상업적 용도에는 전혀 관심이 없고 하늘을 관측하는 데에만 흥미를 느꼈던 펜지어스와 윌슨은 전파 망원경을 조정하다가 알 수 없는 잡음을 포착했다. 이전에

---

* 내가 방금 지은 별명이지만 무척 기발한 듯하다.

상업적 용도로 망원경을 사용했던 직원들은 높은 고도에 띄워놓은 열기구 사이를 오가는 통신 신호를 감지하는 데에는 문제가 없었으므로 이를 무시했을 것이다. 하지만 **과학 연구**를 위해서라면 문제를 바로잡아야 했다. 두 연구자는 망원경을 어디로 조준하든 항상 들리는 잡음이 몹시 거슬렸다.

전파 망원경의 조정 단계에서 자주 일어나는 신호 간섭 문제는 다양한 원인으로 발생한다. 전선이 어딘가 느슨해졌거나 근처에 있는 트랜스미터가 전파를 방해했거나 다른 사소한 기계적 문제가 일어났을 수도 있다(최근에는 파크스 전파 망원경에서 알 수 없는 전파가 이따금 감지되어 큰 주목을 받았는데 이후 천문대 주방에 있는 전자레인지에서 보낸 신호임이 밝혀졌다). 펜지어스와 윌슨은 망원경을 샅샅이 살펴보았고 안테나에 둥지를 튼 비둘기들이 소리를 냈을 가능성도 고려했다.* 그러나 그들이 무슨 수를 쓰든 잡음은 사라지지 않았고 원인이 될 만한 간섭도 찾을 수 없었다. 그러자 잡음이 정말 우주에서 비롯되었고 모든 방향에서 오는 것은 아닌지 의심하기에 이르렀다. 그렇다면 그 정체는 무엇이란 말인가? 행성이나 태양이 보냈다면 특정한 주기나 방향으로만 감지되어야 하고, 우리 은하에서 보냈더라도 그렇게 균일한 패턴이 나타날 수 없다.

다시 프린스턴 팀으로 돌아가보자. 단, 조금 우회해야 한다.

앞에서 언급한 피블스의 계산에 따르면, 우주가 초기에 모든 곳이 뜨거웠었다면 그 뜨거웠던 우주에서 나온 복사선이 여전히 흐르고

---

* 펜지어스와 윌슨의 수색으로 애꿎은 비둘기들만 쫓겨났다.

있어야 했다. 피블스는 다음과 같이 생각했다. 멀리 볼수록 더 먼 과거를 볼 수 있고 우주가 만물을 아우르는 하나의 불덩이였던 적이 있다면, 아직 불이었던 우주의 일부가 보여야 한다. 다른 방식으로도 생각해볼 수 있다. 무한할 가능성이 매우 큰 우주가 138억 년 전에 복사선으로 환히 빛나고 있었다면, 그중 아주 멀리 있었던 복사선은 우주가 식어가면서 팽창하는 동안 계속 이동했더라도 이제야 우리에게 닿았을 것이다. 어느 방향으로든 충분히 먼 곳을 바라본다면 불타오르는 우주가 보일 것이다. 우리 눈에 보이는 것은 다른 모습을 한 우주의 일부들이 아니라 우주 **전체**가 불타던 시간이다.

그러므로 배경 복사는 모든 곳에서 와야 한다. 어디에서든 멀리 보기만 한다면 우주가 아주 뜨거웠던 때를 볼 수 있으므로 사방에서 흘러야 한다. 빛의 속도와 시간여행을 조합하면 얼마든지 가능한 일이다. 우주의 모든 곳은 시간의 흐름을 아우르는 구체의 중심이며 가장 먼 시간인 구체의 경계는 불의 막으로 둘러싸여 있다.

이것을 깨달은 피블스는 여느 물리학자와 마찬가지로 자신이 발견한 엄청나게 충격적인 내용을 가까운 동료들에게 알렸다. 동료들과 이 복사를 어떻게 탐지할지 계획을 세우고 논문의 초고도 작성했다. 불과 60킬로미터 떨어진 벨 연구소에 이 소식을 전한 사람은 푸에르토리코에서 출발한 비행기에서 만난 다른 두 명의 물리학자였다.

피블스의 강연을 들었던 켄 터너는 푸에르토리코에 있는 아레시보 전파관측소를 방문했다가 돌아오는 비행기에서 천문학자 버나드 버크와 함께 빅뱅 복사를 탐지하는 일이 얼마나 대단할지 이야

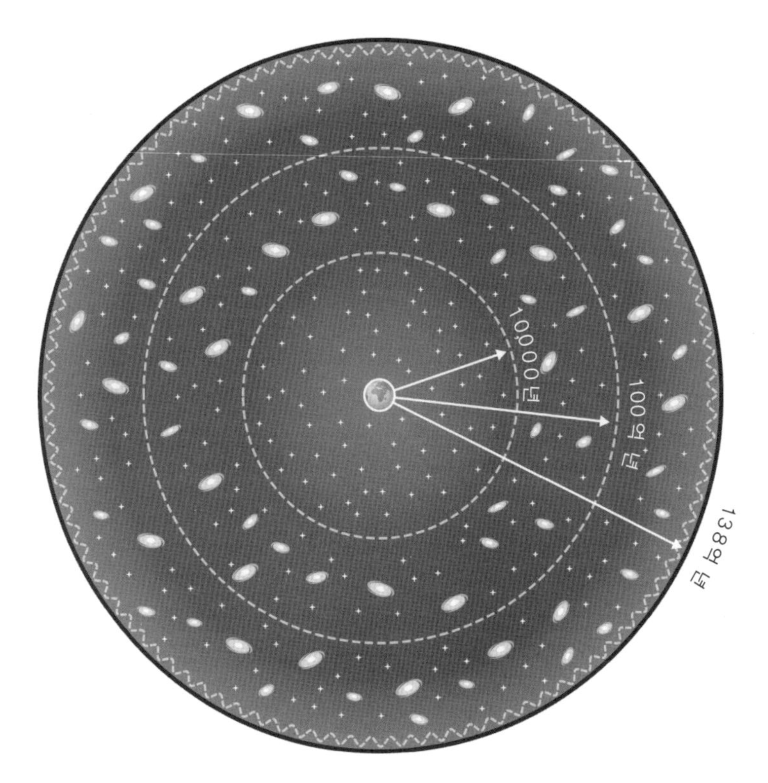

그림 3 관측 가능한 우주의 그림 지도 우리가 지구에서 바라보는 지점과의 거리에 따라 관찰되는 과거의 시기가 다르다. 우리를 둘러싼 각 원에는 현재에 이르기까지 얼마나 많은 햇수가 지났는지 표시되어 있다. 이론적으로도 우리가 관측할 수 있는 가장 먼 거리는 우주가 막 탄생했을 때에 방출된 빛이 현재 우리에게 닿은 거리와 일치한다. 이 거리를 반지름으로 한 원이 관측 가능한 우주이다.

기를 나누었다. 이후 사무실로 돌아온 버크는 다른 일로 펜지어스와 통화를 하다가 비행기에서 터너와 나누었던 대화를 언급했다.*

* 몇 년 전에 MIT에서 버나드 버크를 우연히 만났을 당시에 나는 비둘기 일화만

펜지어스는 자신과 윌슨이 처음으로 **빅뱅을 직접 본 사람**이라는 사실을 깨닫고 잠시 진정할 시간이 필요했던 듯하다. 그는 며칠이 지난 후에야 윌슨과 상의한 다음 로버트 디키에게 전화를 걸었고, 소식을 들은 디키는 바로 피블스와 윌킨슨에게 말했다. "우리가 한발 늦었어."

실제로도 그랬다. 나중에 **우주 배경 복사**(cosmic background radiation)로 명명된 복사선을 처음으로 관측한 공로로 펜지어스와 윌슨은 1978년에 노벨상을 받았다.*

우주 배경 복사는 우주 역사 연구에서 가장 중요한 수단들 중의 하나가 되었다. 천문학 데이터로서뿐만 아니라 기술적 성취로서 그 중요성은 아무리 강조해도 지나치지 않다. 이제 우리는 뜨거웠던 초기 우주의 빛을 관측하고, 분석하며, 지도로 그릴 수 있게 되었다. 우주 배경 복사가 우리에게 알려준 첫 번째 사실은 초기 우주가

얼핏 들었을 뿐 이 이야기는 전혀 알지 못했다. 우리가 물리학자들이나 나눌 법한 대화를 이어가는 동안 버크가 자신이 과거에 했던 연구에 대해서 이야기했는데 나는 무슨 내용인지 따라가기가 힘들었다. 그러다가 그가 그 당시에 펜지어스와 통화한 장본인이었다는 사실을 알게 되었다. 버크는 자신이 물리학 역사에서 중요한 발견을 가능하게 한 촉매제였다는 사실을 별일 아닌 듯 이야기하고 있었다. 몇 년 전 어느 학회에서 힉스 보손 이론의 선구자인 톰 키블을 만났을 때에도 비슷한 일이 있었다. 이 경험들에서 나는 원로 교수들의 말을 주의 깊게 들어야 한다는 교훈을 얻었다. 그들은 내가 몸담고 있는 분야에서 조용히 혁명을 일으킨 사람들일지도 모른다.

* 나는 이 책을 쓰는 동안 피블스 역시 우주 배경 복사 발견을 위한 이론을 정립한 공로로 2019년 노벨상 수상자가 되었다는 기쁜 소식을 들었다. 아직 세상은 어느 정도 공평한 듯하다. 비둘기만 억울할 뿐이다.

뜨겁게 빛나는 하나의 불덩이였다는 가설이 진실이라는 것이었다.

그러나 탐지된 배경 복사가 아주 멀리 있는 미지의 항성이나 다른 물체가 아닌 태고의 불덩이에서 왔다고 어떻게 확신할 수 있을까? 빛의 밝기가 측정 진동수에 따라 다른 빛의 스펙트럼이 그 결정적인 증거이다.

벽난로 불에 금속 막대기를 두면 빨갛게 달아오른다. 이 붉은빛은 막대기를 이루는 금속 고유의 성질이 아니라 무엇이든 온도가 올라가면 일어나는 현상이다(한순간에 활활 타오르지 않는다면 말이다). 이 같은 빛을 "열복사(thermal radiation)"라고 하며 열복사의 색은 오로지 온도가 결정한다. 파란빛을 내보내는 물체는 빨간빛을 내보내는 물체보다 온도가 더 높다. 우리가 적외선을 볼 수 있다면, 다른 사람들의 몸이나 따뜻한 음식, 태양에 달궈진 보도 블록이 계속해서 내보내는 열복사가 보일 것이다. 우리 몸은 끔찍한 불의의 사고를 당하지 않는 한 벽난로 불보다 온도가 훨씬 낮으므로 진동수가 낮은 적외선의 열복사를 내보낸다.

그러나 우리 눈에 보이는 색이 방출되는 모든 빛은 아니다. 레이저를 제외한 모든 물체는 다양한 진동수(또는 색)의 빛을 내보내고 우리 눈은 그중에서 가장 강렬한 색만 감지한다(백열등을 만지면 뜨거운 것은 이 때문이다. 백열등에서 나오는 빛 대부분은 눈에 보이는 빛이지만, 나머지 빛 중에는 물체를 뜨겁게 만드는 적외선도 있다). 쇠 막대, 우리 몸, 가스레인지의 파란 작은 불꽃을 비롯해서 어느 것이든 물체가 내보내는 열복사는 모두 같은 방식으로 진동수에 따라서 빛의 세기가 달라진다. 물체가 내보내는 빛을 그래프로

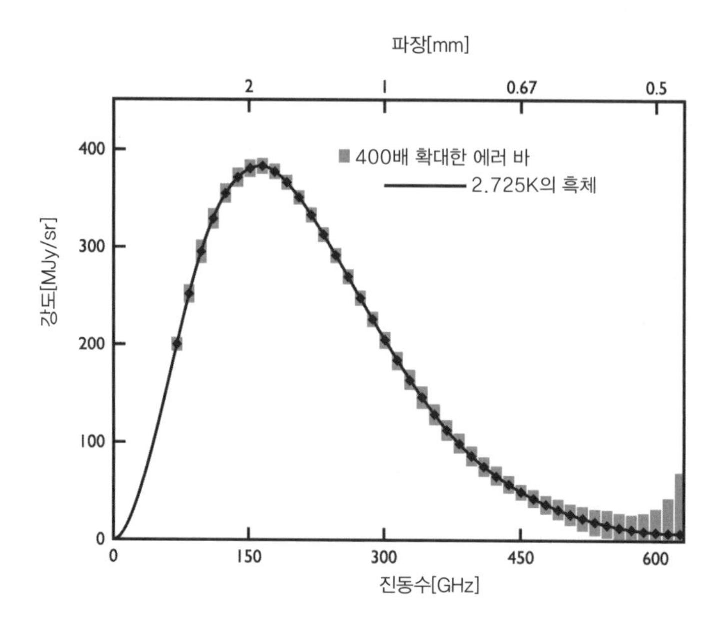

그림 4 우주 배경 복사의 흑체 스펙트럼 곡선의 높이는 각 진동수와 파장에서 나타나는 복사선의 강도이다. 각 데이터 점은 측정의 불확실성을 나타내는 에러 바와 함께 표시되어 있는데 불확실성 에러 바를 400배 확대하면 선의 폭 뒤로 모두 가려지지는 않는다. 이 패턴은 2.725K(섭씨 –270도) 온도에서 빛을 내는 물체에서 예상되는 스펙트럼이다.

그리면 온도에 따라 특정 색에서 가장 강렬하고, 그 정점을 기준으로 양옆의 색들은 하향 곡선을 그리며 약해진다. 진동수에 따라 빛의 강도가 어떻게 변하는지를 그래프로 그리면 **흑체 곡선**(blackbody curve)이라고 불리는 형태가 나타나는데, 열을 발산하여 빛을 내보내는 모든 물체는 이러한 곡선을 그린다.* 우주 배경 복사가 내보내는

* "흑체"는 표면에 닿는 모든 빛을 완벽하게 흡수하여 순수한 열로 다시 내보내

빛의 강도를 여러 진동수에서 측정하면, 자연에서 가능한 가장 정확하고 완벽한 흑체 곡선이 그려진다. 이는 우주의 모든 곳이 아주 뜨거웠던 때가 있었기 때문이라고밖에 설명할 수 없다.

전해지는 바에 따르면 우주 배경 복사 그래프가 어느 학회에서 처음 공개되자, 청중은 말 그대로 환호했다고 한다. 사람들은 놀라우리만큼 정확할 뿐 아니라 이론에 완벽하게 들어맞는 측정 결과를 보며 흥분을 감추지 못했을 것이다(이론을 뒷받침하는 결과를 마주하는 것은 언제나 기쁜 일이다). 하지만 청중은 직접 **빅뱅을 보았다**는 사실에도 감탄했을 것이다. 두 눈으로 직접 본 것이다. 나 역시 빅뱅을 보았을 때의 흥분이 아직도 가시지 않는다.

우주 배경 복사는 짜릿한 감동을 선사할 뿐만 아니라 우주 최초의 순간과 이후 성장과 진화 과정을 보여주는 소중한 창이다. 뒤에서 살펴보겠지만, 이것은 우주가 앞으로 나아갈 방향에 대한 힌트도 제공한다.

사실 하늘을 가르는 빛의 색으로 우주 배경 복사의 지도를 그리면, 모든 곳이 거의 같은 색인 시시한 광경이 된다. 그러나 아무리 미세하더라도 감지 가능한 색의 차이는 많은 것을 말해준다. 우주 배경 복사에 나타나는 색의 대비를 좀더 뚜렷하게 만들면, 지구에서 바라본 보름달처럼 둥글고 큰 붓 끝으로 점묘법 추상화를 그린 듯이 희미하게 얼룩덜룩하다. 어떤 점들은 좀더 붉고 어떤 점들은

는 물체를 말한다. 물론 거의 모든 물체는 빛을 반사하기도 하고 흡수된 빛을 다시 내보내지도 않기 때문에 완벽한 흑체가 아니다. 하지만 대부분의 물질은 온도가 올라갈 때에 방출하는 빛의 패턴이 흑체 곡선과 비슷하다.

좀더 푸른데,* 몇 군데에서는 같은 색으로 뭉쳐 있고 다른 곳에서는 서로 다른 색이 섞여 있다. 이 같은 차이가 나타나는 까닭은 태고에 넘실거리던 우주 플라스마의 각 부분들이 아주 미세한 밀도 차이로 인해서 온도가 조금씩 달랐기 때문이다. 각 점의 밀도 차이는 평균에서 약 10만 분의 1 이상 벗어나지 않았다(10만 분의 1 차이는 뒷마당 수영장에 음료수 캔 하나를 쏟아부었을 때에 나타나는 차이 정도이다).

이처럼 미세한 밀도 차이를 세밀하게 계산하면, 작은 점들이 수천 년이 지나면서 은하단 전체로 성장한 과정을 알 수 있다. 강력한 중력 붕괴가 중요한 역할을 했다. 어느 작은 물질 덩어리가 주위의 물질보다 밀도가 높으면, 밀도가 낮은 그 물질을 끌어당기며 밀도가 더 높아진다. 그러면 밀도 차이가 더욱 벌어져서 주변을 더욱 강하게 당기고 같은 현상이 계속 반복된다. 부익부 빈익빈의 이치이다.

컴퓨터 시뮬레이션으로 수십억 년에 이르는 변화를 단 몇 초로 압축하면, 물질이 높은 밀도로 모여 있는 작은 부분들이 주위에 있는 가스를 끌어당기며 점차 커지다가 우주 최초의 별이 되는 과정을 볼 수 있다. 이렇게 탄생한 별들이 모여 은하가 되고 은하들이 모여 은하단이 되면서 얼룩덜룩했던 우주 배경 복사는 우주 거미줄이 된다. 거미줄에 맺힌 이슬처럼 은하들은 우주 거미줄의 마디, 가닥, 빈

* 우주 배경 복사의 빛은 스펙트럼에서 전부 마이크로파에 속하므로 "좀더 붉은" 점은 진동수가 낮은 마이크로파 복사를 의미하고 "좀더 푸른" 점은 진동수가 높은 마이크로파 복사를 의미한다. 하지만 이를 지도로 그리려면 우리 시각의 한계 때문에 실제 빨간색과 파란색을 사용해야 한다.

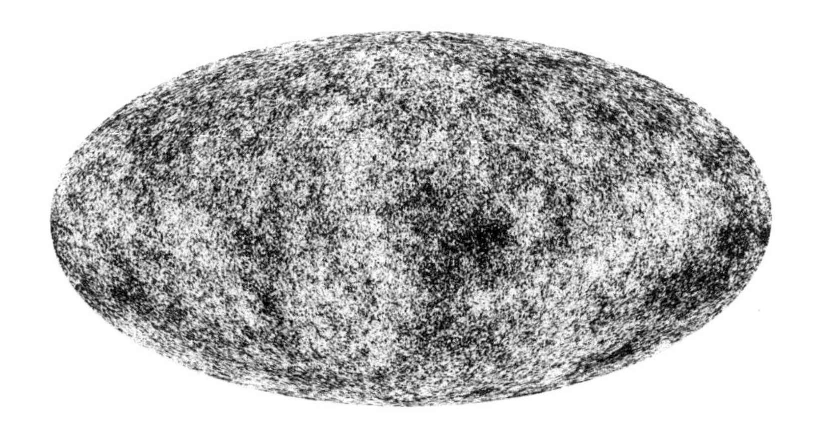

그림 5 우주 배경 복사 위의 그림은 천체를 몰바이데 도법으로 그린 마이크로파 진동수 지도이다(우리 은하가 내보내는 마이크로파는 표시하지 않았다). 어두운 곳의 마이크로파는 온도가 조금 낮고(진동수가 낮고 좀더 붉다) 밝은 곳의 마이크로파는 온도가 조금 높다(진동수가 높고 좀더 푸르다). 어두운 곳은 밀도가 주변보다 10만 분의 1 정도 낮았고, 밝은 곳은 10만 분의 1 정도 높았다.

공간의 윤곽을 밝힌다. 거대한 3차원 지도에 각각의 은하를 점으로 표시한 우주의 실제 지도를 이 같은 시뮬레이션 결과와 비교하면, 어떤 차이도 식별할 수 없을 만큼 정확히 일치한다.

그렇게 빅뱅이 일어난 것이다. 우리는 빅뱅을 목격했고, 계산했으며, 물리학적 지식을 축적했다. 이제 우주 흑체의 빛 속에서 우주의 기원을 이야기해보자.

처음

우주 역사의 모든 순간을 우주 배경 복사처럼 눈으로 직접 볼 수 있는 것은 아니다. 불덩이 단계가 끝나기 약 수십만 년 전부터 불덩이 단계가 끝난 직후의 약 50만 년 동안은 관측이 몹시 어렵다. 불덩이 단계가 끝나기 전의 수십만 년은 빛이 너무 많아서이고(불타오르는 벽 너머를 보는 것처럼), 불덩이 단계가 끝나고 나서 50만 년은 빛이 너무 적어서이다(당신이 서 있는 곳과 불타오르는 벽 사이에서 공기 중에 떠다니는 먼지들을 찾는 것처럼). 하지만 우주 배경 복사를 가운데에 단단히 고정한 닻으로 삼고서 그 양쪽을 추론한다면, 첫 1초의 10억 분의 10억 분의 10억 분의 1부터 138억 년 후인 지금까지 이루어진 우주의 진화에 관해서 설득력 있는 서사를 짜볼 수 있다.

그럼 시작해볼까?

그 시작에는 특이점(singularity)이 있었다.

그럴지도 모른다. 대부분의 사람들은 빅뱅 하면 특이점을 떠올리며 밀도가 무한한 하나의 점에서 우주 만물이 바깥으로 폭발했다고 생각한다. 하지만 특이점이 반드시 하나의 점일 것이라는 생각은 오해이다. 무한히 큰 우주가 밀도 역시 무한한 상태인 것일 수 있다. 그리고 앞에서 이야기했듯이, 폭발 자체도 없었다. 폭발은 어떤 것으로의 팽창을 의미하지, 모든 것의 팽창이 아니기 때문이다. 모든 것이 하나의 특이점과 함께 시작되었다는 생각은 지금의 우주 팽창을 관찰한 후에 아인슈타인의 중력 방정식들을 적용하여 과거를 역으로 유추하는 방식에서 비롯되었다. 하지만 특이점 자체가 없었을지도 모른다. 물리학자들 대부분은 어떤 형태였든 우주의 진정한 "처음"이 있었고, 1초에 훨씬 못 미치는 찰나 동안에 극적인 대팽창이 일어나서 그전에 있었던 모든 것의 흔적이 사라졌다고 추측한다. 그러므로 특이점은 만물의 시작에 관한 하나의 가설일 뿐 확신할 수는 없다.

특이점 "전"에는 무엇이 있었는지도 의문이다. 이 질문은 누구에게 하느냐에 따라서 터무니없는 소리로 일축되거나(특이점은 공간뿐 아니라 시간의 시작이기도 하므로 그 "전"이라는 것은 없다) 우주론에서 가장 중요한 질문으로 여겨지기도 한다(빅뱅이 빅 크런치로 이어지고 다시 빅뱅으로 돌아가는 단계가 영원히 반복되는 주기적 우주에서 특이점은 이전 단계의 끝일지도 모른다). 후자의 가능성은 제7장에서 다루겠지만, 그전까지는 특이점이 존재했을 수도 있고 아닐 수도 있다는 사실 외에는 이야기할 거리가 그다지 많지 않다. 우리가 팽창 과정을 처음까지 거슬러올라갈 수 있더라도, 특이점의 물질 상태와 에너지는 매우 극단적이기 때문에 현재 우리의 물리학적 지식으로는 설명할 수 없다.

특이점은 물리학자에게 골칫거리이다. 일련의 방정식에서 일반적으로는 정상적인 물리량들(물질의 밀도처럼)이 무한대로 향하면, 어느 순간 합리적인 계산이 불가능해지는데 이 부분이 바로 특이점이다. 특이점을 만나게 되면 계산에서 무엇인가가 잘못되었다는 의미이므로 모든 것을 다시 시작해야 한다. 어느 이론에서 특이점을 찾는 것은 자동차 내비게이션의 목적지를 호수 가장자리로 설정해놓고 도착하면 차를 분해한 다음 배로 재조립하고 새로운 자동차–배의 노를 저어 반대편으로 가는 것과 같다. 이는 원하는 목적지에 닿는 유일한 방법이지만, 도중에 방향을 잘못 잡아 엉뚱한 곳으로 몇 킬로미터를 나아갈 가능성이 더 크다.

사실 이처럼 제 기능을 하지 못하는 특이점만이 우리가 알고 있는 지금의 물리학을 무너뜨리는 것은 아니다. 아주 좁은 공간에 매우 높은 에너지가 존재한다면, 양자역학(입자물리학에 관한 이론)과 일반상대성(중력에 관한 이론)을 모두 다루어야 한다. 일반적인 상황에서는 두 이론 중 하나면 충분하다. 질량이 큰 물체는 개별 입자들을 무시할 수 있어서 중력만 중요하고, 입자 척도에서는 질량이 몹시 작아 입자 간의 상호작용에서 중력은 전혀 무의미하므로 양자역학만 중요하기 때문이다. 한편 밀도가 극단적으로 높다면 양자역학과 일반상대성을 모두 충족해야 하지만, 두 이론은 결코 어울리려고 하지 않는다. 중력이 극도로 강하면 유의미한 질량을 가진 물체는 공간을 왜곡하고 시간의 흐름을 바꾸며, 입자들은 양자역학에 따라서 고체로 된 벽을 통과하거나 흐릿한 확률 구름으로만 존재한다. 거시 척도에 관한 이론과 미시 척도에 관한 이론이 근본적으로 양립할 수 없다는 사실은 우리가 더 완벽한 새 이론을 만들어야 할 필요성을 일깨워준다. 하지만 두 이론 사이의 모순은 초기 우주를 설명하는 것도 어렵게 만든다.

양자 중력에 관한 완전한 이론(입자물리학과 중력을 모두 아우르는 이론)이 없으므로 우주의 과거를 합리적으로 역추적하는 데에는 한계가 있다. 결국 모든 것이 불분명해지는 지점에 이르게 된다. 그런 지점에서는 밀도가 매우 높아져서 극단적으로 강한 중력 효과가 양자역학 고유의 불확정성과 경쟁하게 되는데, 우리는 이 같은 시나리오를 어떻게 받아들여야 할지를 모른다. 초소형 블랙홀이 (강력한 중력 때문에) 생성되지만, 그 존재 가능성은 (양자적 불확실성 때문에) 무작위일까? 주사위를 굴렸을 때에 나오는 숫자만큼이나 우주의 모습을 짐작하기 어렵다면, 시간이 의미가 있을까? 아주 작은 척도에서는 공간과 시간이 개별 입자처럼 행동할까 아니면 서로 간섭하는 파동처럼 행동할까? 웜홀이 있을까? 우주에 용들이 있을까??? 우리는 아무것도 모른다.

그러나 우리는 우리가 얼마나 모르는지, 그리고 그 혼란이 어디에서 시작되는지 분명히 하기 위해서 0부터 10^{-43}초를 플랑크 시간*으로 부르기로 했다. 지수 표기법이 익숙하지 않은 사람을 위해서 설명하자면, 10^{-43}초는 1초를 10000000000000000000000000000000000000000000(1 뒤에 0이 43개이다)으로 나눈 것이다. 도저히 상상하기 힘든 짧은 시간이다. 플랑크 시간 이후라고 해서 모든 것을 설명할 수 있는 것은 아니지만, 분명한 사실은 플랑크 시간 이전은 현재로서는 아무것도 설명할 수 없다는 것이다.

이제까지의 내용을 요약하자면, 특이점은 있었을 수도 있고 없었을 수도 있다. 특이점이 있었더라도 바로 이어진 플랑크 시간에 대해서 우리는 사실상 아무것도 모른다.

솔직히 털어놓자면 초기 우주의 전체 연대기 가운데 대부분은 추측에 불과하며 그러한 추측을 온전히 받아들여서도 안 된다. 우주가 특이점에서 시작해서 팽창했다면, 무한히 높은 온도에서 절대 영

* 양자론의 창시자인 막스 플랑크의 이름을 딴 것이다. 플랑크 시간뿐 아니라 플랑크 에너지, 플랑크 길이, 플랑크 질량에 관한 공식을 이루는 기본 상수들에는 양자적 성질을 규정하는 데에 핵심인 플랑크 상수가 포함된다. 어떤 방정식에서 플랑크 상수가 발견된다면, 이제 혼란이 시작된다는 의미이다.

도보다 약 3도 높은 현재의 서늘하고 쾌적한 온도에 이르기까지 상상하기 힘든 극단적인 변화를 겪었을 것이다. 우리가 할 수 있는 것은 각각의 환경에서 물리학 법칙들이 어떻게 작용했는지를 추론하는 것이다. 이제부터 이를 순서대로 살펴보자. 우주가 특이점에서 일정하게 팽창했다는 표준적인 빅뱅 이론에는 몇 가지 중대한 문제가 있기는 하지만(곧바로 이야기할 것이다), 빅뱅 이론이 옳다는 가정하에 어떤 일이 일어났을지 추측함으로써 물리학의 작용 방식에 대해서 많은 것을 배울 수 있다.

대통일 이론 시대

표준적인 빅뱅 이론은 플랑크 시간 후에 대통일 이론(Grand Unified Theory) 시대가 시작되었다고 말한다(이 책에서는 10^{-35}초보다 긴 시간은 "시대"라고 부른다. 대통일 이론의 영문 약자는 "GUT"이지만 철자가 같은 단어가 뜻하는 소화기관과는 아무런 관련이 없다). 초기 우주의 극단적인 환경에서 입자물리학의 모든 힘들이 어떻게 작동했는지 "통합적으로" 설명하는 대통일 이론은 물리학의 유토피아적 이상이다. 우주는 빠른 속도로 식어가기는 했지만, 최신 입자 충돌기 내부의 가장 강력한 충돌이 일으키는 에너지보다 1조 배 높은 에너지가 모든 곳에 흐를 만큼 여전히 뜨거웠다. 이처럼 극단적인 에너지를 실험으로 재현하기 어렵다는 문제를 비롯해서 여러 가지 이유들로 대통일 이론은 아직 대부분 미완성이다. 그러나 현재로서는 완벽하지 않은 이론이라고 하더라도 당시의 상황이 어땠는지 그리고 지금과는 어떻게 달랐는지에 대해서 많은 것을 알려준다.

지금 우주에서는 자연의 근본적인 힘들이 각자 고유의 임무를 일상적으로 수행한다. 중력은 우리를 땅에서 떨어지지 않게 하고, 전기는 불을 밝히고, 자기는 사야 할 물건들의 목록을 자석으로 냉장고에 붙게 해주며, 약한 핵력은 우리가 사는 곳과 멀지 않은 원자로를 안정적인 푸른색으로 유지해주고, 강한 핵력은 우리 몸의 양성자와 중성자가 더 작은 입자로 쪼개지지 않도록 막아준다. 하지만 환경이 바뀌면 근본적인 힘들은 작동 방식과 상호작용 방식이 변할 뿐만 아니라 서로 간의 구분도 흐릿해진다. 구체적으로 말하면 주변 에너지, 즉 온도에 따라서 달라진다. 높은 에너지에서 근본적인 힘들이 서로 합쳐지고 섞이면 입자 상호작용의 구조는 물론이고 물리학 법칙 자체가 재구성된다.

일상 환경에서도 전기와 자기가 하나의 현상에 해당한다는 사실은 잘 알려져 있다. 전기와 자기가 같은 현상이기 때문에 전자석이 존재할 수 있고 발전기가 전기를 생산할 수 있다. 이 같은 통일은 물리학자에게 달콤한 사탕과 같다. 두 가지 복잡한 현상을 두고 "사실 이 방식에서 보면 둘은 **같은 것이다**"라고 말할 수 있을 때마다 우리는 희열에 벅차오른다. 어떻게 보면 이론물리학의 궁극적인 목표는 주변의 복잡하고 혼란스러운 모든 것을 모아 단순하고 간결하며 우아한 하나의 무엇인가로 재구성할 방법을 찾는 것이다. 낮은 에너지에만 익숙한 인간의 독특한 관점 때문에 그 모든 것이 복잡해 보였을 뿐이다.

이 같은 목표를 입자물리학의 근본적인 힘들에 적용한 것이 대통일 이론이다. 이론과 여러 실험 결과를 바탕으로 한 추론에 따르면, 아주 높은 에너지에서는 전자기, 약한 핵력, 강한 핵력이 합쳐져서 서로 전혀 구분할 수 없는 다른 무엇인가가 된다. 다시 말해서 세 가지 힘 모두 대통일 이론을 따르는 더 큰 입자 에너지 복합체의 일부가 된다. 이제까지 여러 대통일 이론이 만들어지고 발표되었지만, 통일이 일어나는 에너지 척도를 재현할 수 없으므로 입증이나 반박이 불가능하다. 따라서 대통일 이론은 어떤 연구보조금이라도 기꺼이 환영할 "활발한 연구 분야" 정도로 정의할 수 있다.

이미 알아차렸겠지만 중력은 대통일 이론에 해당하지 않는다. 중력을 포함하려면 대통일 이론보다 더 광범위하고 통합적인 만물의 이론(Theory of Everything)이 필요하다. 일반적으로 물리학자들은 플랑크 시간 전후에 중력 역시 어떤 방식으로든 다른 힘들과 합쳐져 있었다고 추측한다(우주의 용 같은 미지의 현상이 작용했을 것이다). 하지만 앞에서 이야기했듯이 지금 형태의 일반상대성과 입자물리학은 서로 어울리려고 하지 않으므로 만물의 이론은 대통일 이론보다 갈 길이 멀다. 많은 사람들이 끈 이론(string theory)이 궁극적인 만물의 이론이 될 것이라고 믿는다. 그러나 대통일 이론은 실험으로 증명하기가 힘들 뿐이지만 만물의 이론은 오늘날 우리가 구상할 수 있는 어떤 기술로도 증명할 길이 없다. 많은 과학자들이 만물의 이론이 과연 사실일 가능성이 있는지, 시험할 수 없는 이론을 과학으로 다룰 수 있는지 의문을 제기한다. 하지만 상황이 그렇게 절망적으로만 보이지는 않는다. 우주론이 해결책을 제공할 수 있다(내가 우주론자여서 하는 말이 아니다). 약간의 창의력을 발휘하여 우주를 관찰한다면 끈 이론과 관련 개념들을 시험할 가능성이 희미하게나마 열린다. 앞으로 이어질 장들에서 우주의 끝을 이야기하다 보면, 우주를 단 하나의 매듭으로 묶는 궁극적인 근본 구조에 대해서 우주론이 그 어떤 입자 실험보다 많은 것을 알려준다는 사실을 깨닫게 될 것이다.

우선은 우주의 시작을 더 살펴보도록 하자. 아직 우리는 양자와 중력이 혼란을 일으키는 플랑크 시간의 고비를 겨우 지나서 거의 추측에 지나지 않는 대통일 이론 시대가 선사하는 근본적인 힘 통일의 희열을 막 맛보았을 뿐이다.

우주 인플레이션

대통일 이론 시대 이후에 어떤 일이 일어났는지에 대해서는 논란이 여전하지만, 우주론자 대부분은 우주의 만물이 한순간에 팽창하는 **우주 인플레이션**이 일어났다고 생각한다. 우리가 아직 이해하지 못한 어떤 이유로 우주의 팽창은 어느 순간부터 매우 빨라져서 나중에 관측 가능한 우주가 될 공간이 10^{26}배 이상 커졌다. 그렇다고 해도 결국 비치 볼만 한 크기였지만, 이제까지 밝혀진 어떤 입자와도 비교할 수 없을 만큼 아주 작았던 점이 10^{-34}초 동안 그만큼 팽창했다는 사실을 떠올리면 분명 놀라운 일이다.

인플레이션 이론은 표준 빅뱅 모형의 매우 복잡한 몇몇 문제들을 해결하기 위해서 만들어졌다. 그중 하나는 우주 배경 복사가 이상하리만큼 균일하다는 것이고, 또다른 하나는 아주 미세하게 불완전하다는 것이다.

균일성이 문제인 이유는 표준 빅뱅 우주론으로는 천체의 한쪽 끝에서부터 다른 한쪽 끝에 이르기까지 관측 가능한 우주가 초기에는 모든 곳의 온도가 같았던 이유를 설명하지 못하기 때문이다. 빅뱅 이후 잔광의 강도를 관찰하면 거의 모든 곳이 완전히 같은데, 이는 곰곰이 생각해보면 무척 이상한 우연의 일치이다. 일반적으로 두 개의 물체가 같은 온도에 도달하려면 이른바 **열역학적 평형**(thermodynamic equilibrium)을 이루어야 한다. 다시 말해서 열을 교환할 수단과 시간이 주어져야 한다. 방에 커피가 담긴 잔을 충분히 오랜 시간 동안 두면, 커피와 방의 공기가 상호작용하여 커피는 실온으로 식고 공기는 아주 조금 따뜻해진다. 초기 우주에 대한 표준적인 그림이 지닌 문제는 우주에서 서로 떨어져 있는 두 부분이 상호작용하여 같은 온도에 이를 수 있는 상황을 포함하지 않는다는 것이다. 천체에서 정반대에 있는 두 점의 현재 거리를 측정하고 138억 년 전의 거리를 계산하면, 빛줄기가 두 점 사이를 오가며 평형을 이루게 할 만큼 가까웠던 적은 우주 역사상 한 번도 없었다는 사실이 드러난다. 우주가 시작되었을 때, 어느 한 지점에서 출발한 빛줄기는 138억 년이 지나도 정반대의 지점까지 도달하지 못한다. 각각 반대편에 있는 두 지점은 언제나 서로의 지평선 밖에 있으므로 어떤 방식으로도 소통하지 못한다.* 그렇다면 우주의 평형 상태는 몹시

* 이처럼 단순화한 설명에는 영 찜찜한 부분이 있다. 나는 천체의 두 점이 우주 역사에서 한 번도 소통한 적이 없다고 말했지만, 앞에서는 우주가 모든 지점들 사이의 거리가 0이었던 특이점에서 시작했다고도 말했다. 이 사실이 문제를 해

대단한 우연이거나 초기 우주에서 일어난 어떤 일의 결과이다.

불완전함의 문제는 다음 질문으로 보다 단순하게 설명할 수 있다. 우주 배경 복사의 미세한 밀도 변동은 어디에서 비롯되었으며, 왜 지금과 같은 패턴을 그릴까?

우주 인플레이션은 다른 여러 질문들을 비롯해서 위의 두 질문에 대한 답을 제시한다. 우주 인플레이션의 기본 개념은 특이점 이후와 원시 불덩이 단계 마지막 사이에 초기 우주가 아주 빠르게 팽창한 시기가 있었다는 것이다. 안정적인 평형 상태를 이룰 만큼 아주 좁은 한 구역이 매우 빠르게 팽창하면서 관측 가능한 우주 전체를 덮은 것이다. 복잡한 추상화의 한 부분을 우리의 시야 전체를 채울 만큼 확대하면 한 가지 색으로만 보이게 된다. 모든 곳의 온도가 같은 작은 공간이 우주 팽창으로 확대되어 관측 가능한 우주 전체가 된 것이다.

우리가 약간의 양자물리학 지식에 기댄다면 밀도의 차이 역시 우주 인플레이션으로 쉽게 설명할 수 있다. 아원자 세계의 물리학과 일상의 물리학 사이의 결정적인 차이는 개별 입자의 척도에서 모든

결하지 못하는 이유는 다음과 같다. 하늘에서 서로 반대편에 있는 두 개의 점을 떠올려보자. 시간이 0이었을 때 두 점의 거리 역시 0이었다고 할 수 있다. 문제는 0 **이후** 모든 순간에는 두 점이 서로 접촉한 적이 없어서 어떤 정보 교환(예컨대 빛줄기에 의한 온도 정보 전달)도 불가능했다는 것이다. 그렇다면 0이었을 때는 어땠을까? 우리가 첫 순간을 0으로 명명할 수 있다면, 그 첫 순간의 시간은 말 그대로 0이다. 시간은 특이점에서 시작되었다. 그렇다면 정보 교환을 위한 시간은 전혀 없었고(시간 자체가 없었으므로) 그 이후의 매 순간은 "소통하기에는 거리가 너무 멀어지는" 문제가 생긴 것이다.

상호작용은 양자역학 특유의 불확정성을 피해갈 수 없다는 사실이다. 하이젠베르크의 불확정성 원리(Heisenberg's Uncertainty Principle)를 한 번쯤은 들어보았을 것이다. 양자역학 고유의 불확정성이 측정 결과를 불분명하게 하므로 측정의 정확성에는 한계가 있을 수밖에 없다는 이론이다. 입자의 위치를 정확하게 측정하면 입자의 속도를 알 수 없고, 반대로 속도를 정확하게 측정하면 정확한 위치를 알 수 없다. 입자 하나를 가만히 내버려둔다고 해도 입자의 모든 성질이 무작위로 변하므로 측정할 때마다 약간씩 다른 결과가 나온다.

불확정성 원리가 우주 배경 복사와는 어떤 관계일까? 인플레이션 가설에 따르면, 우주가 팽창한 이유는 무작위적인 상승과 하락이 반복되는 양자 요동에 영향을 받는 에너지 장 때문이다. 미시 척도에서 아주 짧은 순간에만 이루어지는 이 같은 요동들이 초기 우주의 아주 좁은 구역에서 밀도를 변화시켰고, 이후 훨씬 큰 영역까지 뻗어나가면서 원시 가스의 밀도 분포에 높은 언덕과 깊은 계곡이 생긴 것이다. 우주 배경 복사에서 관찰되는 작은 얼룩들은 우주의 첫 10^{-34}초에 일어난 요동이 수십만 년에 걸쳐서 자연적으로 진화한 것이라고 완벽하게 설명할 수 있다. 그리고 이 작은 얼룩들이 우리가 지금 목격하는 모든 은하와 은하단이 되었다.

우주에 있는 거대 구조물들의 분포가 양자장의 미세한 변동 패턴과 완벽하게 일치한다는 사실은 언제나 감탄을 자아낸다. 우주 배경 복사는 우주론과 입자물리학의 연결 고리를 그 무엇보다도 생생하고 분명하게 보여준다.

하지만 아직 갈 길이 바쁘다. 우주 배경 복사는 여전히 한참 후의

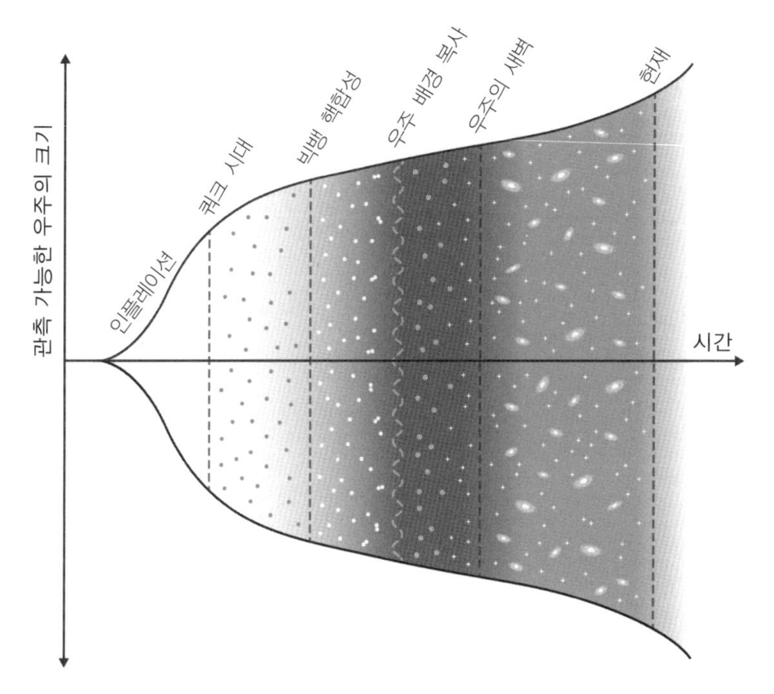

그림 6 우주 연대기 관측 가능한 우주의 크기는 탄생 직후에 일어난 인플레이션 동안 급격하게 팽창했다. 현재까지도 우주는 계속 (인플레이션 시기보다는 느린 속도로) 팽창하고 있다. 위의 그림에는 우주 역사의 중요한 순간들이 표시되어 있다.

일이다. 우리는 이제 막 10^{-34}초에 이르렀고 해야 할 이야기가 많이 남아 있다.

팽창이 끝나고 매우 넓게 늘어난 아기 우주는 한동안 처음보다 훨씬 낮아진 온도와 밀도를 유지했다. 그러다가 “재가열”이 시작되면서 모든 곳의 온도가 다시 올라갔다가 이후 우주가 일정하게 팽창하며 식어가는 안정적인 행진이 이어졌다.

쿼크 시대

인플레이션 이전의 우주를 지배했을 대통일 이론과 달리 인플레이션 이후의 우주를 지배한 법칙들은 지금 우리가 아는 물리학에 가까웠다. 하지만 여전히 차이는 있었다. 인플레이션 이후 강한 핵력은 대통일 이론에 의해서 하나로 통합된 입자물리학 힘으로부터 탈출한 반면, 전자기와 약한 핵력은 여전히 하나의 "약전자기력"으로 합쳐져 있었다. 그러나 태초의 우주 수프에서는 입자들, 구체적으로 쿼크(quark)와 글루온(gluon)이 빠져나오기 시작했다.

양성자와 중성자(둘을 합쳐 강입자[hardron]라고 부른다)의 구성요소인 쿼크는 오늘날 가장 흔한 소립자이다. 한편 글루온은 이름에 걸맞게 "접착제" 역할을 하는 강한 핵력을 통해서 쿼크들을 결합한다. 쿼크는 두세 개 심지어 네다섯 개가 뭉쳐져 있는데, 글루온의 강한 접착력 때문에 하나의 쿼크만 관찰하는 것은 아직 불가능하다. 당신이 쌍을 이루는 쿼크(중간자[meson]라고 불리는 독특한 입자)를 떼어놓으려고 한다면, 둘을 분리하는 데에 드는 에너지가 또다른 두 개의 쿼크를 생성한다. 축하한다! 당신에게는 이제 중간자 두 개가 생겼다.

그러나 우주의 거의 맨 처음에는 다른 모든 것들에 그랬듯이 개별 쿼크에도 일반적인 규칙들이 통하지 않았다. 자연의 힘들이 다른 법칙에 따라서 작동했을 뿐만 아니라 우주를 이루는 입자 구성이 달랐고 온도도 너무 높아서 쿼크가 안정적으로 결합하지 못했다. 쿼크와 글루온이 섞여 자유롭게 움직이는 쿼크-글루온 플라스마는

핵반응이 일어나는 불구덩이 같았다.

우주의 나이가 마이크로초 단위에 이를 만큼 성숙할 때까지 "쿼크 시대"가 이어졌다. 한편 그 사이(아마 0.1나노초 즈음)에 약전자기력이 전자기력과 약한 핵력으로 나뉘었다. 그리고 비슷한 시기에 일어난 모종의 사건으로 물질과 반물질(물질과 쌍둥이이지만 소멸을 좋아하는 고약한 성질을 지녔다) 사이에 구분이 생기면서 우주의 반물질 대부분이 소멸했다.* 이 과정이 정확히 무슨 이유로, 어떻게 일어났는지는 여전히 미스터리이지만, 물질로 이루어진 우리로서는 감사할 일이다. 그렇지 않았다면 우리는 반물질 입자들과 계속 부딪히다가 감마선을 내보내며 사라져버렸을 것이다.

대통일 이론 시대와 달리 우리는 쿼크 시대와 쿼크-글루온 플라스마에 대해서 상당히 많은 것을 알고 있다. 쿼크 시대 이론은 대통일 이론보다 정교하고, 표준 입자물리학에 가까우며, 관련 실험들은 약전자기력 이론을 기반으로 한 예측들을 뒷받침한다. 하지만 무엇보다도 가장 큰 성취는 쿼크-글루온 플라스마를 실험실에서 실제로 재현할 수 있다는 것이다. 상대론적 중이온 충돌기와 거대 강입자 충돌기 같은 입자 충돌기에서 금이나 납의 핵들이 아주 빠른 속도로 충돌하면 밀도와 온도가 매우 높은 작은 불덩어리들이 일시적으로 생기는데, 이 불덩어리들이 모든 입자를 부수어 충돌기 내부를 쿼크-글루온 플라스마 상태로 만든다. 과학자들은 잔해

---

* 지금도 우리는 특정 입자 반응에서 반물질을 관찰할 수 있지만, 대부분은 반물질 입자와 물질 입자가 만나서 쌍소멸할 때에 분출되는 에너지로 반물질의 존재를 유추한다.

물이 일반적인 강입자로 "굳어가는 과정"을 관찰하여 이 기묘한 물질이 지닌 성질을 파악하고 극단적인 환경에서 물리학 법칙들이 작용하는 방식을 연구할 수 있다.

우주 배경 복사가 빅뱅을 엿보게 해준다면, 고에너지 입자 충돌기는 우주의 원시 수프를 맛보게 해준다.*

빅뱅 핵합성

쿼크-글루온 플라스마 단계가 끝나고 우주가 식어가자 우리에게 익숙한 몇몇 입자들이 나타났다. 우주가 탄생하고 약 10분의 1밀리초가 지났을 때, 처음으로 양성자와 중성자가 만들어졌고 곧이어 전자가 생성되어 일반적인 물질을 구성할 요소들이 갖추어졌다. 약 2분이 지났을 때는 우주의 온도가 여전히 태양 한가운데보다는 뜨거웠지만 섭씨 10억 도로 내려가면서 강한 핵력이 방금 탄생한 양성자와 중성자를 결합할 수 있게 되었다. 양성자와 중성자가 결합하면서 수소의 일종인 중수소가 만들어져 최초의 원자핵이 탄생했다(중수소는 양성자 하나와 중성자 하나가 결합한 형태를 일컫는다. 수소 원자의 중심을 이루는 하나의 양성자도 핵으로 간주할 수 있

---

* 입자 충돌기는 시간의 또다른 끝인 마지막에 관한 실마리들도 제공한다. 최근에 이루어진 일련의 혁신적인 발견에 따르면, 우주의 종말은 전혀 예상하지 못한 방식으로 찾아올 수 있으며 언제라도 가능하다. 이는 뒤에서 자세히 다룰 것이다. 너무 걱정하지는 말기를 바란다. 우리가 제6장에 이를 때까지는 무사할 것이다.

다). 그러자 여기저기에서 핵이 만들어졌다. 양성자와 중성자가 합쳐지면서 헬륨 핵, 삼중수소, 그리고 약간의 리튬과 베릴륨도 생성되었다. 빅뱅 핵합성(Big Bang Nucleosynthesis)이라고 불리는 이 과정은 약 30분 동안 진행되다가 우주가 계속 팽창하여 온도가 더욱 내려가자 입자들이 더 이상 융합하지 않고 서로 멀어지며 끝났다.

빅뱅 이론의 가장 중요한 증거 중의 하나는 태곳적 불덩이의 온도와 밀도를 바탕으로 추측한 빅뱅 유래 물질들의 양이 우주에서 관측되는 양과 비슷하다는 사실이다. 물론 완벽하게 일치하지는 않는다. 특히 리튬 양의 불일치는 초기 우주에 또다른 미스터리가 있었을지도 모른다고 암시한다. 하지만 수소, 중수소, 헬륨은 우리가 우주 전체를 핵 용광로로 밀어넣는다면 각 원소의 양이 어떻게 될지에 대한 우리의 계산과 실제로 우주에서 관측되는 양이 우아하리만큼 일치한다.

한 가지 덧붙이자면, 우주에 존재하는 거의 모든 수소가 첫 몇 분 동안에 만들어졌다는 사실은 나와 당신을 이루는 많은 부분이 우주가 존재한 시간만큼이나 오랫동안 존재해왔음을 의미한다. "우리는 별의 먼지로 이루어져 있다"(칼 세이건이라면 "우리는 별의 물질로 이루어져 있다"라고 이야기했을 것이다)는 유명한 말은 우리를 **질량으로** 측정하면 100퍼센트 맞는 말이다. 산소, 탄소, 질소, 칼슘처럼 좀더 무거운 원소들은 이후 항성들의 중심에서 생성되거나 항성이 폭발하면서 만들어졌다. 하지만 **숫자로** 따지면 우리의 몸을 가장 많이 차지하는 원소는 가장 가벼운 수소이다. 그러니 우리는 고대 별들의 잔해를 우리 몸에 간직하고 있는 셈이다. 그러나 동시에 우리 몸에서 많은 부분은 실제로 빅뱅의 부산물로 이루어져 있기도 하다. "우주가 스스로에 대해 알려면 우리에 대해 알아야 한다"라는 칼 세이건의 원대한 말이 더욱 와닿는다.

최후 산란면

빅뱅 핵합성 이후 불지옥 우주는 상대적으로 진정되기 시작했다. 입자들의 혼합은 이 시점에 거의 안정을 이루어 첫 항성들이 출현한 수백만 년 후까지 이 상태를 유지했다. 하지만 수십만 년 동안 여전히 우주는 주로 수소와 헬륨 핵, 자유 전자 사이로 광자(빛의 입자)가 오가는 팔팔 끓는 플라스마 상태였다.

시간이 흐르며 우주가 팽창하자 모든 복사와 물질이 서로 멀어질 공간이 생겼다. 나는 가끔 이 같은 우주의 초기 단계가 태양 가운데에서 바깥으로 이동할 때와 비슷할 것이라는 상상을 해보고는 한다. 단, 공간을 이동하는 것이 아니라 시간을 이동하는 것이다. 출발지인 태양의 중앙은 온도와 밀도가 매우 높아서 원자핵들이 서로 융합하여 새로운 원소들을 만든다. 태양 내부는 광자들이 끊임없이 전자, 양성자와 마구 충돌하며 수십만 년 동안 지속적으로 산란한 후에야 태양 경계에 닿기 때문에 불투명하다. 광자가 마침내 태양 바깥쪽으로 이동하게 되면 플라스마 밀도가 낮아지기 때문에 빛이 한 번 산란한 다음 또다시 산란하는 사이에 이동하는 거리가 늘어난다. 그리고 표면에 도달하면 완전히 자유로워져서 우주로 탈출할 수 있다.

우주의 첫 몇 분에서 약 38만 년 후로의 이동도 비슷하다. 처음에는 뜨겁고 밀도가 높던 플라스마 우주가 양성자와 전자의 차가운 가스로 변하면서 두 입자가 합쳐져서 중성 원자가 된다. 그러면 빛은 전하를 가진 입자들 사이를 끝없이 오가는 대신에 자유롭게 이동할 수 있게 된다. 초기 우주에서 이 같은 태곳적 불덩이 단계의 마지막을 "최후 산란면"으로 부르는 까닭은, 이것이 플라스마에 갇혀 있던 빛이 먼 거리를 이동하며 우주를 가로지를 수 있게 되는 일종의 시간의 경계 면이기 때문이다.

우주 배경 복사에 나타난 모습이 바로 이 시기이다. 뜨거운 빅뱅의 마지막 순간을 지나서 빛이 어둡고 고요한 공간 사이를 가로지르는 전환 과정이 우주 배경 복사에 나타나 있다. 이는 암흑시대의 시작이기도 하다. 서서히 식어가던 가스는 기존의 양자 요동이 일으킨 미세한 밀도 차이에 의해서 덩어리로 응축되기 시작한다. 약 1억 년이 되었을 때는 밀도가 매우 높아진 덩어리 하나가 항성이 되면서 우주의 새벽을 공식적으로 열었다.

우주의 새벽

우주를 가스로만 이루어진 어두운 공간에서 은하와 별로 빛나는 곳으로 바꾼 물질은 무척 별나서 가장 강력한 입자 충돌기로도 재현할 수 없다. 복사, 수소 가스, 약간의 다른 원시 원소들 사이에 섞여 있던 이 물질이 바로 우리가 지금 **암흑 물질**(dark matter)이라고 부르는 물질이다. 암흑 물질이 "암흑" 물질로 불리는 이유는 실제로 어두운 물질이어서가 아니라 어떤 방식으로든 빛과 상호작용하지 않으려는 것처럼 보이는 성향 때문에 우리의 눈에 보이지 않아서이다. 복사를 방출하지도, 흡수하지도, 반사하지도 않는다. 암흑 물질 덩어리로 향하는 빛줄기는 그대로 통과해버린다. 하지만 암흑 물질에서 진정 빛나는* 측면은 중력에 작용하는 능력이다. 일반적인 물질은 스스로의 중력으로 응축하려고 하지만 물질이 지닌 압력이 표면을 다시 바깥으로 밀어낸다. 한편 암흑 물질은 이 같은 압력 없이 응축할 수 있다. 빛과 상호작용하지 않는 성질의 부작용은 다른 어떤 것과도 거의 상호작용하지 않는다는 것이다. 물질의 입자들 사이에서 일어나는 대부분의 충돌은 빛과 상호작용해야 하는 정전기적 반발력에서 비롯되기 때문이다(광자는 빛의 입자이지만 전자기력의 전달자이기도 하다. 따라서 눈에 보이지 않는 물질은 전자기 인력이나 척력을 경험하지 않는다). 전자기력이 없다면 압력도 없다.

인플레이션의 마지막 단계에서 나타난 요동으로 밀도가 높은 물질이 처음으로 미세하게 증가한 데에는 복사, 암흑 물질, 일반 물질이 모두 작용한 것이다. 일반적인 물질은 압력을 가지고 있고 복사와 섞여 있으므로, 처음에는 바깥으로 밀어내는 압력을 지니지 않은 암흑 물질만이 중력으로 뭉칠 수 있었다. 이후 우주가 더욱 팽창하고 서서히 식어가는 물질로부터 복사가 탈출하여 뻗어나가면서, 암흑 물질이 만든 중력의 우물들로 가스가 끌려들어 항성과 은하로 응축되기 시작했다. 심지어 지금까지도 가장 큰 척도의 물질 구

* 이 같은 표현 때문에 혼란스럽다면 사과한다.

조, 다시 말해서 은하와 은하단이 이루는 우주의 거미줄은 암흑 물질이 이루는 덩어리와 실의 네트워크가 그 뼈대를 이룬다. 우주의 새벽이 열리면서 항성과 은하들이 어둠을 밝히기 시작하자 눈에 보이지 않던 덩어리와 실의 거미줄이 꼬마전구 줄처럼 망을 이루며 반짝였다.

은하 시대

우주를 가로지르는 수많은 별빛이 원시 불덩이 단계의 마지막에 중성화된 우주 가스를 이온화하면서 우주는 또다시 엄청난 변화를 맞았다. 강렬한 별빛이 수소 원자를 다시 자유 전자와 양성자로 쪼개면서 생성된 이온화 수소 가스의 거대한 거품들이 은하의 가장 밝은 부분을 둘러쌌다. 우주 전체에서 팽창한 거품들이 재이온화기(Epoch of Reionization)("재"가 붙은 이유는 빅뱅 동안 가스가 이미 이온화한 적이 있기 때문인데 은하 시대에 또 한 번 이루어진 이온화는 항성이 일으킨 것이었다)를 열었다. 우주의 시작 이후 약 10억 년 뒤에 끝난 이 변화의 시기는 현재 관측 천문학이 주목하는 새로운 분야 중의 하나로, 그 과정과 정확한 시기에 관한 연구는 이제 막 시작되었다. 이후 거의 130억 년 동안 은하가 형성되고, 은하들이 합쳐지고, 거대한 블랙홀이 은하의 중심에서 질량을 더욱 증가시키고, 새로운 항성이 탄생하여 주어진 수명을 이어가는 상황이 거의 변함없이 계속되고 있다.

• • •

그렇게 우리는 지금에 이르렀다. 우리가 현재 보고 있는 우주는 어둠 속에서 반짝이는 거대하고 아름다운 은하들의 망이다. 다른 은하들과 거의 모든 면에서 차이가 없는 평균적인 은하에 자리 잡은 적당한 크기의 노란 별 주위로 푸른색과 흰색이 어우러진 인류의 아름다운 세계가 돌고 있다. 아직 분명한 신호는 발견되지 않았지만, 평범한 우리 은하에는 생명이 가득할지도 모른다. 오래 전에 폭발한 초신성의 잔해가 약 1,000억 개의 항성들에 흩어져 있는 각각의 세계에 생명 탄생에 필요한 기본적인 재료들을 제공했기 때문이다. 최근의 추산에 따르면, 우리 은하의 항성계 중에서 무려 10분의 1에는 항성과의 거리가 너무 멀지도 않고 가깝지도 않으며 크기가 적당해서 표면에 액체 상태의 물이 흐르는 행성이 존재한다. 물은 결정적인 증거는 아니지만, 최소한 생명이 생존할 가능성을 암시한다. 관측 가능한 우주에서 관찰되는 다른 약 수조 개의 은하에서는 고유의 문명, 예술, 문화, 과학적 성취를 이룬 수많은 다른 종들이 그들만의 태곳적 과거를 서서히 알아가며 자신의 관점에서 우주를 이야기하고 있을지도 모른다. 각각의 세계에서 우리와 닮은 혹은 닮지 않은 생명체들도 우주 배경 복사의 희미한 잡음을 감지하고, 빅뱅의 존재를 추측하며, 우리와 공유하는 우주가 과거로 무한히 거슬러올라가는 것이 아니라 최초의 순간, 최초의 입자, 최초의 항성이 생겨난 처음이 있었다는 놀라운 사실을 발견했을 것이다.

그리고 정적이지 않은 우주에 뚜렷한 시작이 있듯이 끝도 있다는 사실도 깨달았을 것이다.

제3장

빅 크런치

세상 끝부터 시작해보자. 안 될 이유가 있나?
다 끝내버리고 더 재미난 것들로 넘어가자.
—N. K. 제미신, 『다섯 번째 계절(*The Fifth Season*)』

달이 뜨지 않은 어느 가을 밤, 북반구에서 캄캄한 하늘을 올려다보면 알파벳 "W" 자가 길게 늘어난 형태인 카시오페이아 별자리가 보인다. 그 아래를 몇 초 동안 응시하면 보름달 너비에 가까운 희뿌연 형체가 눈에 들어온다. 바로 안드로메다 은하이다. 약 1조 개의 별과 초거대질량 블랙홀을 품은 이 거대한 나선 원반은 초당 110킬로미터의 속도로 우리를 향해 돌진하고 있다.

약 40억 년 안에 안드로메다와 우리 은하, 즉 은하수는 현란한 빛의 쇼를 연출하며 충돌할 것이다. 궤도에서 튕겨나간 별들이 우아한 곡선을 그리며 우주 공간으로 뻗어나가며 빛의 물줄기를 이룬다. 은하의 수소들이 급작스럽게 충돌하면서 항성 탄생의 신호를 알리는 작은 폭발이 일어난다. 각각의 은하 가운데에서 잠자고 있던 초거대질량 블랙홀들이 중간에서 만나 소용돌이치면서 블랙홀 주변 가스에 불이 붙는다. 강렬한 복사선과 고에너지 입자 줄기가 가스와 별들이 마구잡이로 섞인 혼돈을 뚫고 들어가고, 질량이 더 커진 새로운 초거대질량 블랙홀 안으로 운을 다한 물질들이 소용돌이치며 들어가 뜨거운 X선을 발산하여 은하수와 안드로메다의 충돌로 탄생한 "은하드로메다" 은하를 환히 비춘다.

이 거대한 두 은하철도가 충돌하더라도 항성들은 서로 거리가 워낙 멀기 때문에 직접적인 영향은 받지 않을 것이다. 따라서 태양계는 살아남을 가능성이 크다. 하지만 지구는 아니다. 이미 적색거성으로 부풀어오른 태양이 지구 대양의 수온을 끌어올려 생명의 가능성을 모조리 짓밟은 뒤이기 때문이다. 그러나 인류는 놀라운 독창성을 발휘하여 태양계 다른 곳에 기지를 건설하고, 두 거대한 나선형 은하가 수십억 년에 걸쳐 합쳐지는 아름답고 경이로운 광경을 지켜볼지도 모른다. 입자 줄기와 초신성 불길이 잠잠해지면 수명을 다해 소멸해가는 항성들이 이루는 커다란 타원만 남게 될 것이다.

은하 안에 있는 존재에게는 무시무시한 재앙이겠지만, 우주적 관점에서 은하들 간의 융합은 일상적인 일이며 아주 멀리 떨어져서 관찰할 수만 있다면 신비하고 아름다운 광경이다. 크기가 큰 은하가 작은 은하를 찢거나 집어삼키고, 항성계는 이웃한 다른 항성계와 합쳐지기도 한다. 우리의 은하수 역시 수십 개의 작은 이웃들을 집어삼켰다는 증거가 발견되었다. 우리는 지금도 마치 별들 사이에서 일어난 자동차 사고의 흔적인 양 은하의 원반 둘레를 따라 커다란 호를 남긴 별들의 자취를 볼 수 있다.

그러나 우주 전체에서 충돌의 빈도는 점차 낮아지고 있다. 우주가 팽창한다는 사실은 우주 구조물들의 크기가 그대로이더라도 그 사이의 공간이 늘어난다는 뜻이기 때문이다. 따라서 고립된 은하든 무리를 이룬 은하단이든 평균적으로 서로 멀어지고 있다. 하지만 은하 무리나 은하단 안에서는 융합이 일어날 수 있다. 은하수 바로 옆에서 두 개의 거대한 나선을 이루고 있는 작고 불규칙한 은하들은 "국부 은하군"이라는 무미건조한 이름으로 불리는데, 은하수와 이웃들은 조만간 더욱 가깝고 친밀해질 것이다. 하지만 수천만 광년 더 먼 곳에서는 모든 것이 흩어지는 것처럼 보인다.

먼 미래를 생각하면 중대한 궁금증이 인다. 팽창은 영원할 것인가 아니면 언젠가 멈추고 방향을 틀어 모든 것이 서로 충돌하여 완전히 파괴될 것인가? 팽창이 일어나고 있다는 사실 자체는 어떻게 알 수 있는가?

어느 방향으로든 같은 방식으로 팽창하는 우주 안에서는 주변이 팽창하는 것처럼 느껴지는 것이 아니라 모든 것이 멀어지는 듯한 기이한 현상이 일어난다……. 우리가 어디에 있든지 말이다. 우리가 바라보는 먼 은하들은 마치 우리 몸에서 일종의 척력이 나오는 것처럼 우리로부터 멀어지고 있다. 우리가 지구에서 10억 광년 떨어진 은하에 갑자기 놓이게 되더라도 우리 은하를 비롯해서 어느 정도 거리가 떨어져 있는 모든 것은 현재 위치에서 점차 멀어진다. 팽창이 모든 방향을 향해 같은 방식과 속도로 일어나는 공간에서 나타나는 이 같은 현상은 직관적으로는 이해하기가 힘들다.

따라서 우주의 모든 지점이 강력하고 균일한 척력의 중심처럼 느

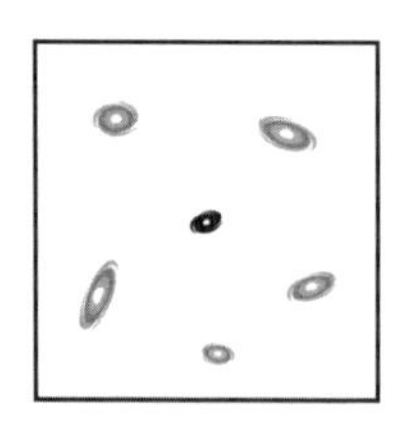
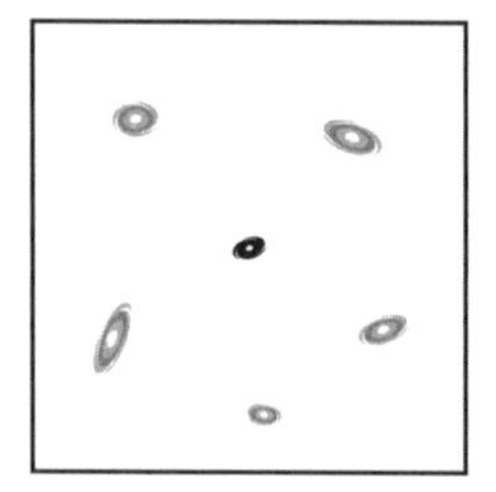
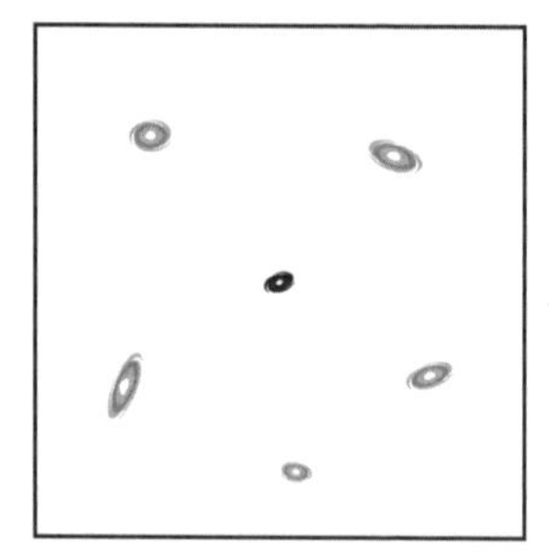

그림 7 우주의 팽창을 보여주는 그림 왼쪽에서 오른쪽으로 갈수록 크기가 커지는 세 개의 사각형은 점차 커지는 우주를 나타낸다. 시간이 흐르면서 우주가 팽창하면 은하는 서로 멀어지지만 은하 자체는 커지지 않는다.

껴진다. 엄밀히 말하면 우주에는 중심이 없다. 대신 우리 각자가 관측 가능한 우주의 중심이다.* 그리고 우리의 관점에서 볼 때, 이웃 은하들보다 더 멀리 있는 은하일수록 더 빠르게 달아난다. 이는 우리 때문이 아니라 우주 때문이다.

우주 팽창은 생각보다 발견하기가 어려웠다. 인류는 1700년대부터 망원경으로 다른 은하들을 관찰해왔지만, 그 거리가 매우 멀고 움직임은 (인간의 척도를 기준으로) 몹시 느려서 은하들이 지구를 기준으로 어떻게 움직이는지뿐만 아니라 심지어 그 존재가 은하라는 사실도 무려 두 세기가 지나서야 밝힐 수 있었다. 게다가 지금도 가장 강력한 성능의 망원경을 동원하더라도 은하의 움직임을 직접 관찰하지는 못한다. 은하는 우리가 관측할 때마다 멀어지는 것처

* 우리 자신이 우주의 중심이라는 말은 얼핏 근사하게 들리지만, 만물이 우리에게서 되도록 빨리 달아나려고 하는 관측 증거를 떠올리면 멋있기만 한 말은 아니다.

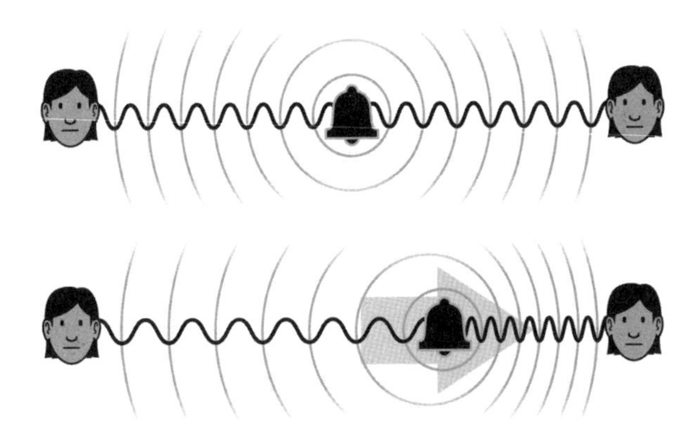

그림 8 도플러 이동 소리를 내는 물체가 정지해 있다면, 움직이지 않는 두 사람이 듣는 진동수는 같다. 소리를 내는 물체가 움직인다면, 물체와 거리가 멀어지는 사람에게 도달하는 소리는 낮은 진동수로 늘어지고 물체와 거리가 가까워지는 사람에게 도달하는 소리는 높은 진동수로 압축된다. 전자는 낮은음을 듣게 되고 후자는 높은음을 듣게 된다.

럼 보이는 것이 아니기 때문이다. 하지만 얼핏 보기에는 아무 관련이 없는 듯한 은하의 성질로 그 움직임을 감지할 수 있다. 바로 빛의 색이다.

경주용 자동차가 내는 "부릉" 소리가 차가 다가올 때는 커지다가 멀어지면 빠르게 작아지거나 구급차가 지나가면서 사이렌 크기가 변하는 것은 도플러 효과 때문이다. 어떤 물체가 가까이 다가올 때는 소리가 커지다가 멀어지면 작아지는 현상은 우리가 흔히 경험하는 도플러 이동 현상 중의 하나이다. 공기에서 일어나는 압력 파동이 우리에게 다가올 때는 위로 쌓이다가 떠날 때는 길게 늘어나면서 우리가 듣는 소리의 진동이 변한다. 진동수는 하나의 파동이 지나간 후 그다음 파동이 얼마 만에 지나가는지를 나타낸다. 소리에서는 압력 파동이 진동수이며 진동수가 높을수록 소리의 음이 높다.

빛도 비슷하다. 빠르게 다가오는 빛은 진동수가 높아지고 멀어지는 빛은 진동수가 낮아진다. 빛은 진동수마다 고유의 색이 있기 때문에 진동수 변화는 색의 변화로 나타난다. 전자기 스펙트럼은 가시 영역뿐 아니라 다른 영역들도 포함하지만, 단순히 편의를 위해서 도플러 이동이 높은 진동수로 향하면 **청색 편이**(blueshift)라고 부르고(진동수가 높은 가시광선은 스펙트럼에서 파란색 영역에 속하므로), 낮은 진동수로 향하면 **적색 편이**(redshift)라고 부른다. 청색 편이가 이루어진 가시광선이 스펙트럼의 극단을 향하면 감마선이 되고, 적색 편이가 이루어진 가시광선이 극단을 향하면 전파 신호로 나타난다. 천문학에서 이 같은 현상은 항성이나 은하의 색만 관찰해도 우리를 향해 다가오는지, 멀어지는지를 알게 해주는 무척 중요하고 유용한 도구이다.

물론 실제로는 그렇게 간단한 문제가 아니다(천체물리학 연구가 쉽지 않은 이유이다). 원래 다른 천체들보다 좀더 붉은 항성과 은하가 있기 마련이다. 그렇다면 항성이나 은하가 원래 붉은색인지 아니면 우리에게서 멀어지고 있어서 붉은지 어떻게 알 수 있을까?* 핵심은 빛이 스펙트럼에서 한 가지 색이 아니라 여러 진동수에 퍼져 있다는 사실이다. 항성 스펙트럼에서 고유의 패턴이 나타나는 까닭은 항성 대기마다 다른 원소들이 빛을 흡수하거나 내보내기 때문이다.

* 항성이나 은하가 "작아서" 붉어 보이는지 "멀어서" 붉어 보이는지의 문제도 있다.

이러한 빛을 프리즘에 통과시켜 넓게 펼치면, 색마다 세기가 다르며 항성 대기의 원자들이 빛을 흡수하는 진동수에서는 검은 선이나 틈이 나타난다. 원자들이 흡수한 진동수의 빛은 우리 눈에 닿기 전에 항성 가스에 의해서 제거되기 때문이다. 따라서 스펙트럼은 원소마다 고유한 바코드 무늬를 띠게 되고, 천문학자들은 한눈에 패턴들을 구분할 수 있다. 예를 들면 수소 구름을 통과하는 빛은 모든 진동수로 펼치면 특정한 빗살 무늬가 나타난다. 우리는 실험실 실험으로 수소 스펙트럼에서 선들이 어디에서 나타나야 하고 어떤 패턴을 띠어야 하는지를 알고 있으며, 다른 원소들에 대해서도 같은 방식으로 패턴을 밝힐 수 있다. 어느 항성의 스펙트럼이 익숙한 빗살 무늬를 띠지만 "엉뚱한" 진동수에서 선들이 나타난다면, 이는 항성이 움직이면서 빛에 변이가 일어났기 때문이다. 모든 선이 같은 방식으로 진동수가 낮아졌다면, 적색 편이가 일어나서 항성이 우리에게서 멀어진 것이다. 모든 선의 진동수가 높아졌다면, 청색 편이가 일어나서 가까이 다가온 것이다. 그리고 선들이 이동한 정도에 따라 항성이 얼마나 빠른 속도로 움직이는지도 알 수 있다.

천문학자들은 이 같은 측정에 무척 능숙하다. 패턴이 뚜렷한 스펙트럼을 얻을 수 있다면, 적색 편이와 청색 편이는 우주에서 빛을 내는 원천을 직접 관측하는 데에 무척 유용한 도구이다. 우리는 적색 편이와 청색 편이를 통해서 우리 은하의 항성들이 지구를 기준으로 어떻게 움직이는지, 항성 주위에서 궤도 운동을 하는 행성이 항성을 얼마만큼 미세하게 끌어당기는지 알아낼 수 있다.

먼 은하의 경우에 우리는 적색 편이를 이용해서 은하가 우리에

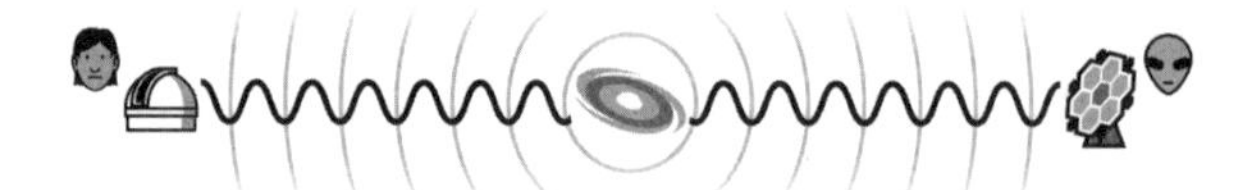

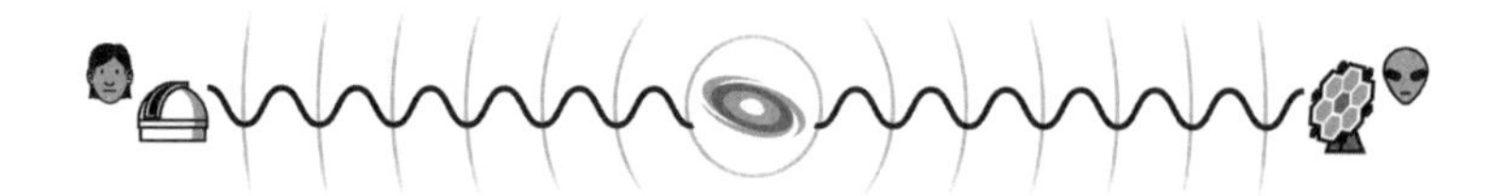

그림 9 우주의 팽창과 적색 편이 먼 은하에서 나오는 빛은 우주 팽창으로 인해서 길게 늘어진다. 따라서 계속 팽창하는 우주에서는 우리가 관찰하는 은하가 멀수록 빛의 파장이 길어진다(적색 편이). 팽창은 모든 곳에서 일어나므로 우주의 다른 곳에서 먼 은하를 바라보는 또다른 관찰자 역시 은하의 적색 편이를 발견할 것이다.

게 얼마나 빨리 혹은 느리게 다가오거나 멀어지는지 알 수 있을 뿐만 아니라 거리가 얼마나 떨어져 있는지도 알 수 있다. 어떻게 가능한 일일까? 팽창하는 우주에서는 어떤 은하가 있는 곳과 우리가 있는 곳 사이의 공간 역시 팽창하고 있으므로 은하가 어떻게 움직이든 일반적으로는 우리에게서 멀어지고 있다. 그리고 얼마나 빨리 멀어지는지는 현재 얼마나 멀리 떨어져 있는지에 따라서 다르다.

1929년 천문학자 에드윈 허블은 은하의 적색 편이를 관찰하다가 놀라우리만큼 단순한 패턴을 발견했다. 멀리 있는 은하일수록 평균적으로 적색 편이가 강했다. 이 같은 관계는 우주 팽창 가설을 입증했을 뿐만 아니라 그 변화의 지도를 그릴 수 있게 해주었다. 허블이 적색 편이를 속도로 변환하여 발견한 패턴에 따르면, 거리가 먼 은하일수록 우리에게서 멀어지는 속도가 더 빠르다.

용수철 장난감을 양손으로 길게 늘어트린다고 상상해보자(양손을 좁혔다가 늘리면서 튕기지 말고 늘리기만 하자. 재미가 아니라 과학적 설명을 위한 것이다). 양손을 벌리면 각각의 나선이 옆 나선과 손가락 하나 너비로 벌어지더라도 같은 시간 동안 양 끝의 두 나선의 간격은 몇십 센티미터로 벌어진다. 허블은 바로 이 관계가 모든 방향으로 균일하게 팽창하는 우주에도 적용된다는 사실을 발견했다. 수학적으로 이 같은 현상은 은하의 겉보기 속도가 우리와의 거리에 정비례한다는 무척 편리한 경험 법칙을 선사한다. 이를 통해서 알 수 있는 첫 번째 사실은 멀리 떨어져 있는 대상일수록 후퇴 속도가 빠르다는 것이다. 두 번째는 어떤 은하라도 그 거리에 숫자 하나를 곱하면 후퇴 속도를 구할 수 있다는 것이다. 이 관계를 입증하고 속도를 계산할 숫자를 추산할 수 있었던 것은 허블의 데이터 덕분이지만, 사실 그보다 몇 년 앞서 벨기에의 천문학자이자 사제인 조르주 르메트르가 이미 비례 관계를 이론적으로 예측했다. 따라서 은하의 거리와 후퇴 속도의 관계는 허블-르메트르의 법칙(Hubble-Lemaître Law)으로 불린다.* 그리고 비례상수(거리에 곱하는 수)는 허블 상수(Hubble Constant)라고 불린다.

여기에서 중요한 것은 적색 편이와 거리의 연관성이다. 먼 은하를 관찰하여 적색 편이를 측정한다면 그 은하와 정확히 얼마나 떨어져 있는지 알 수 있다(물론 기술적으로 주의해야 할 요소들은 있다).**

---

* 사실 천문학계에서는 종종 허블 법칙으로 불리지만, 2018년에 국제천문연맹은 르메트르의 공로를 공식적으로 인정하고, 그의 이름도 추가하기로 결정했다. 이론가인 나 역시 찬성하는 바이다.

** 후퇴 속도가 느린 "가까운" 우주에서는 허블 상수로 속도를 나누어 거리를 구

그러나 적색 편이는 우주 시간과도 관련이 있다. 우주의 팽창으로 인해서 천문학에서는 여러 이상한 일들이 일어나는데, 그중 하나는 과학자들이 숫자로 표시한 색을 사용하여 어떤 물체의 속도, 거리 그리고 "그 물체가 빛났을 때의 우주의 나이"를 나타낸다는 것이다. 물리학은 도통 종잡을 수가 없다.

어떻게 이것이 가능한지 살펴보자. 어느 은하의 적색 편이를 측정하면 우리는 그 은하가 우리에게서 얼마나 빨리 멀어지는지 알 수 있고, 허블-르메트르 법칙을 통해서 거리를 알 수 있다. 하지만 빛이 우리에게로 이동하는 데에는 시간이 걸리고 우리는 빛의 속도를 알고 있으므로, 거리를 안다면 빛이 얼마나 오랫동안 이동했는지를 계산할 수 있다. 다시 말해서 은하의 적색 편이는 빛이 얼마나 오래전에 그 은하를 출발했는지 알려준다. 그리고 우리는 우주의 나이를 알고 있으므로 은하가 지금 우리 눈에 보이는 빛을 내보냈을 때에 우주가 몇 살이었는지도 짐작할 수 있다.

천문학자들은 이 모든 지식을 고려하여 적색 편이로 우주의 초기 시대들을 유추한다. "높은 적색 편이"는 우주가 어렸을 적인 오래 전이고, "낮은 적색 편이"는 그보다 최근이다. 적색 편이 0은 현재 이곳의 우주이고, 적색 편이 1은 70억 년 전이다. 매우 높은 수준

하면 되는 단순한 나눗셈 문제이다. 하지만 거리가 멀면 문제는 복잡해진다. 허블 상수가 우주의 모든 시간에서 항상 일정한 것은 아니며, 속도가 매우 높으면 비례 관계가 흔들린다. 우주론에서 지나치게 간단한 듯한 무엇인가가 있다면, 그 정체는 단순한 근사치이거나, 예외적인 경우이거나, 우리 모두가 애타게 찾는 궁극의 만물의 이론일 것이다(세 번째일 가능성은 그다지 크지 않을 듯하다).

인 적색 편이 6은 우주가 탄생한 지 약 10억 년에 불과했을 때이며, 아주 초기의 우주에서는 적색 편이가 무한하다.

그러므로 적색 편이가 높은 은하는 우주가 어렸을 때에 존재한 먼 은하이고, 적색 편이가 낮은 은하는 "최근" 우주에 존재하게 된 상대적으로 가까운 은하이다.

거리–나이–적색 편이의 관계는 우주론에서 무척 유용하다. 하지만 이는 거리에 따른 후퇴 속도가 항상 우리가 아는 방식으로만 빨라진다는 사실을 바탕으로 한다. 그렇다면 팽창 속도가 갑자기 느려지면 어떻게 될까? 팽창이 멈춘 다음 수축하면 어떤 일이 벌어질까? 한 가지 결과는 거리 측정에 사용되었던 경험 법칙들이 완전히 무너져서 많은 천문학자들이 좌절하는 것이다. 다른 사람들에게 그만큼 중요한 또다른 결과는 우주와 모든 것의 마지막이 오는 것이다.

어떤 일이 벌어질까

(1) 우주가 빅뱅으로 시작되었고 (2) 지금도 팽창하고 있다면, 논리적으로 그 뒤에 이어질 질문은 우주가 팽창을 멈추고 수축하는 대재앙의 빅 크런치(Big Crunch)가 일어날 것인가이다. 기본적이고 논리적인 물리학 가정을 바탕으로 추론해본다면, 팽창하는 우주가 미래에 어떤 모습일지는 오로지 세 가지 가능성만 있어 보이는데, 이것들 모두는 허공에 던진 공과 비교해볼 수 있다.

지구에 있는 당신이 야외 어느 한 곳에 서 있다고 상상해보자. 그러고는 야구공을 위로 곧바로 던진다. 당신은 팔 힘이 누구보다도 훨씬 더 세다(공기 저항은 문제가 되지 않는다). 그럼 어떤 일이 일어날까?

보통의 경우 처음에는 공이 팔이 민 힘에 반응하여 한동안 올라가지만 당신의 손을 떠난 직후부터 작용한 지구의 중력 때문에 올라갈수록 속도가 느려진다.* 그러다가 마침내 허공에서 멈추고는 방향을 바꿔 당신과 당신이 서 있는 지구를 향해 떨어진다. 그러나 지구를 이탈할 수 있는 속도인 초속 11.2킬로미터로 아주 강하게 던지면 지구를 완전히 벗어나서 무한한 시간 동안 속도를 서서히 늦추며 나아간다(무엇인가와 충돌하지 않는다면 말이다). 더 빠른 속도로 던진다면 공은 지구를 완전히 벗어난 후에 영원히 전진할 것이다.

우주 팽창의 물리학도 무척 비슷한 원칙들을 따른다. 처음에 팽창을 일으킨 힘이 있었고(빅뱅), 이후 우주에 존재하는 모든 천체들(은하, 항성, 블랙홀 등)의 중력이 팽창의 속도를 늦추며 모든 것을 안으로 당기려고 한다. 중력은 자연의 힘들 중에서 가장 약하지만, 작용 범위가 무한하고 언제나 주변을 끌어당기기 때문에 거리가 먼 은하들도 서로를 끌어당긴다. 야구공의 예에서처럼, 문제는 처음 작용한 힘이 중력에 대항할 정도로 강력한지이다. 처음 작용한 힘이 무엇인지는 알 필요도 없다. 지금의 팽창 속도와 우주에 존재하

---

* 중력은 쌍방향으로 작용하므로 엄밀히 말하면 공과 지구는 서로를 당기지만, 야구공의 당기는 힘이 지구에 미치는 영향은……거의 없다.

는 물질의 양을 측정하면, 물질들의 중력이 언젠가 팽창을 멈추게 할 만큼 강한지 알 수 있다. 아니면 먼 과거의 팽창 속도를 유추한 다음 현재의 팽창 속도와 비교하여 앞으로 팽창이 어떻게 진행될지 예측할 수 있다.*

만약 우리 우주가 언젠가 빅 크런치를 맞을 운명이라면, 첫 번째 힌트는 위와 같은 추론에서 얻을 수 있다. 우주가 내부 붕괴한다면 우리는 전에는 빨랐던 팽창 속도가 이내 종말을 일으킬 만큼 느려지는 상황을 목격할 수 있을 것이다. 본격적으로 수축이 시작되기 수십억 년 전에 붕괴의 신호가 점차 뚜렷하게 나타날 것이다.

그러나 데이터 분석에 돌입하기 전에 우선 우주가 어떻게 수축하여 궁극적인 종말로 이행되는지를 살펴보자. 우리가 진정 궁금한 것도 마지막 모습일 테니 말이다.

지금은 먼 물체일수록 후퇴 속도가 빠르기 때문에 적색 편이가 높다(허블-르메트르 법칙). 우주가 내부 붕괴할 운명이라면, 이 패턴은 롤러코스터가 계속 올라가다가 꼭대기에서 멈추는 것처럼 팽창이 완전히 멈출 때까지 이어진다. 하지만 빛의 속도로 인해서 우리는 현재의 우주 전체를 관찰할 수 없으므로, 멀리 있던 물체가 방향을 바꾼 후 아주 오랜 시간이 지난 뒤에도 그 물체가 멀어지고 있다고 인식한다. 전체적으로 보면 가장 먼 물체들이 가까운 물체들보다 우리를 향해 더 빨리 다가오지만, 처음에는 반대 현상이 일어

---

* 지금의 팽창과 10년 뒤의 팽창을 측정하여 그 변화를 비교하면 되지 않을까 싶을 것이다. 안타깝게도 현재의 기술로는 정확하게 측정할 수 없지만, 향후 수십 년 안에는 비교가 가능할 것으로 예상된다.

나는 것처럼 보인다. 우리의 이웃 은하를 조금 벗어난 모든 은하가 우리에게 서서히 다가오는 듯 보인다. 안드로메다 은하는 빛이 청색 편이를 띠게 된다. 조금 더 멀리 나아가면 어느 순간부터 모든 것이 정지한 듯한 곳이 나오고 그보다 더 먼 물체들은 적색 편이를 띠며 후퇴하는 것처럼 보인다. 시간이 흐를수록 청색 편이를 띠는 가까운 은하들은 점차 빠르게 다가오고, 모든 물체가 정지 상태인 거리의 반경은 점차 늘어난다. 그렇다면 가까운 은하들이 우리의 공간으로 돌진할 가능성을 무시하기란 불가능해지고 무시해서도 안 되므로, 먼 거리에 있는 물체는 더 이상 신경 쓰지 않게 된다.

빅 크런치가 일어나기 전에 가까운 은하와 충돌하리라는 사실에 우리는 (순진하게도) 아주 조금 위안을 받을지도 모른다. 우주 붕괴의 첫 신호는 우리 은하와 안드로메다가 충돌하고 한참이 지난 뒤에 나올 것이다. 가장 비관적으로 추산하더라도 빅 크런치는 수십억 년 뒤에야 일어날 수 있다. 그렇다면 미래에 일어날 붕괴 가능성의 맥락에서는 138억 살인 우주는 아직 중년에 이르지 않았다.

앞에서도 언급했듯이, 안드로메다와 우리 은하의 충돌은 태양계에 직접적인 영향을 미치지 않을 것이다. 하지만 우주 붕괴의 시작은 완전히 다른 이야기이다. 처음에는 무척 비슷해 보일지도 모른다. 은하들이 충돌하면서 재배열되고, 새로운 항성이 생기고, 블랙홀이 불타고, 몇몇 항성계는 우주 멀리 튕겨져 나간다. 그러나 시간이 지나면서 전혀 다른 무엇인가가 일어나고 있다는 사실이 끔찍하리만큼 생생해진다.

은하들이 서로 가까워지고 점점 자주 충돌하면서, 천체의 은하들은 새로운 별들이 내보내는 푸른빛으로 가득 차고 거대한 입자 줄기와 복사선이 은하 사이의 가스를 마구 가른다. 새로운 항성 주위로 새로운 행성이 탄생하고, 대혼돈의 우주에서 초신성이 된 수많은 별들이 새 행성들에 강렬한 방사선을 발사하겠지만 행성들 중 일부는 어느 정도 시간이 지나면 생명을 탄생시킬지도 모른다. 은하 사이의 중력과 은하 중앙에 있는 초거대질량 블랙홀 간의 중력 상호작용이 더욱 격렬해지면서 은하가 품고 있던 항성들이 이탈하여 다른 은하의 중력에 영향을 받는다. 그러나 이 같은 상황에 이르더라도 항성들은 서로 거의 충돌하지 않아 게임이 거의 끝에 다다를 때까지 살아남는다. 항성 소멸은 다른 과정으로 이루어지며, 그때까지도 행성에 생명이 존재한다면, 마침내 대단원의 확실한 종말을 맞게 될 것이다.

어떤 과정일지 살펴보자.

현재 일어나고 있는 우주 팽창은 먼 은하의 빛을 길게 늘이기만 하는 것이 아니다. 빅뱅 자체의 잔광도 늘리면서 희석시킨다. 앞의 장에서 이야기했듯이, 빅뱅의 가장 확실한 증거 중 하나는 우리가 충분히 멀리 바라보기만 해도 빅뱅을 실제로 볼 수 있다는 사실이다. 구체적으로 말해서 우리 눈에 보이는 것은 초기 우주에서 생성된 빛이 내보낸, 사방에서 오는 흐릿한 잔광이다. 이 희미한 빛은 사실 우리의 관점에서 직접 본 아주 먼 우주의 일부로, 항성의 내부처럼 모든 곳이 뜨겁고 조밀했으며 플라스마가 흘러서 불투명했던 초기 불덩이 우주의 모습이다. 이처럼 오래 전에 타오르던 불에서 나온 빛이 우리를 향해 계속 이동해왔고, 충분히 멀리 있었던 지점의 빛은 이제야 도착했다.

이 같은 빛이 낮은 에너지가 넓게 퍼진 배경(우주 배경 복사)의 형태로 나타나는 까닭은 우주의 팽창이 복사를 늘어뜨리고 각 광자들의 거리를 떨어뜨려 그저 희미한 잡음으로 만들었기 때문이다. 빛이 마이크로파로 나타나는 이유는 극단적인 적색 편이 때문이다. 우주 팽창은 도저히 상상하기 힘든 불지옥을 식히고, 희석하고, 늘어뜨려 구식 브라운관 텔레비전에서 나오는 약한 마이크로파 잡음으로 무력화하는 등 많은 일을 할 수 있다.

우주 팽창의 방향이 역전되면 복사의 확산 방향도 역전된다. 아무런 해를 끼치지 않으며 낮은 에너지의 잡음만 내던 우주 배경 복사는 갑자기 청색 변이를 일으키며 모든 곳에서 에너지와 빛의 강도가 급증한다.

그래도 항성들은 소멸하지 않는다.

우주 전체가 불덩이였을 때에 나온 잔광을 한데 모으는 것보다 더 높은 에너지의 복사를 생성하는 무엇인가가 있기 때문이다. 우주는 초기에 균일하게 퍼져 있던 가스와 플라스마를 중력을 이용해 결합하여 항성과 블랙홀을 만들며 진화했다.* 이 항성들이 수십억 년 동안 반짝이며 내보낸 복사는 허공으로 그저 사라진 것이 아니라 분산된 것이다. 심지어 블랙홀도 온도가 더 높아진 물질들이 빨려들어서 고에너지 입자 제트를 발산하기 때문에 X-선을 내보내

* 행성이나 사람 같은 다른 작은 존재도 만들었지만 지금 이야기에서는 무시해도 좋다.

며 빛을 내기도 한다. 항성과 블랙홀이 생성하는 복사는 빅뱅 마지막 단계보다 뜨거우며, 우주가 수축하면 **그 모든** 에너지 역시 응축하게 된다. 그러므로 우주의 붕괴는 팽창, 냉각, 수축, 가열이 훌륭하게 대칭을 이루는 과정보다 **훨씬 더 끔찍하다**. 누군가가 당신에게 빅뱅 직후에 있을 것인지, 아니면 빅 크런치 직전에 있을 것인지를 선택하라고 한다면 전자를 택해야 한다.* 우주 수축으로 항성과 고에너지의 입자 제트가 한순간에 전부 밀집되어 청색 편이가 일어나면서 더 높은 에너지에 도달하면, 항성과 입자 제트에서 나온 복사선이 더욱 강렬해진다. 그러면 항성은 다른 항성과 충돌하기 한참 전에 이미 **표면이 불타오른다**. 핵 폭발이 항성 대기를 가르고 항성을 산산조각내며 빈 공간을 뜨거운 플라스마로 채운다.

이쯤 되면 상황은 아주 끔찍해진다. 항성들이 배경 복사의 빛에 의해서 폭발하면 어떤 행성도 불길을 피해 살아남지 못한다. 이때부터 우주 복사의 세기는 활동 은하 핵의 중심만큼이나 강해진다. 활동 은하 핵 중심에서는 초거대질량 블랙홀에서 매우 강력한 힘으로 튕겨져 나온 고에너지 입자와 감마선의 복사 제트가 수천 광년까지 뻗어 나아간다. 모든 것이 소립자가 된 상황에서 물질에 어떤 일이 일어날지는 불분명하다. 붕괴하는 우주의 마지막 단계의 밀도와 온도는 실험실에서 재현할 수 없고, 우리가 아는 어떤 입자 이론으로도 설명할 수 없을 것이다. 그렇다면 우리의 흥미를 끌 질문은 "무엇인가가 살아남을 수 있을까?"가 아니라(대답은 생각해볼 것도

* 전설적인 록 밴드 디:림은 "상황은 좋아질 뿐"이라고 했다.

없이 "아니다"이기 때문에), "붕괴하던 우주가 방향을 선회해서 처음부터 다시 시작할 수 있을까?"이다.

팽창했다가 수축하고 다시 팽창하는 주기가 영원히 반복되는 주기적 우주는 매력적일 만큼 질서정연하다(제7장에서 자세히 이야기하자). 무에서 시작한 다음 끔찍한 결과를 맞는 대신, 시간의 양방향을 마음대로 오간다. 이 끝없는 재활용 과정은 어떤 폐기물도 남기지 않는다.

물론 우주에 관한 다른 모든 것과 마찬가지로 주기적 우주는 훨씬 복잡한 문제이다. 아인슈타인의 중력 이론인 일반상대성만을 따르면, 물질의 양이 충분한 우주는 정해진 궤도를 걷는다. 이 우주는 특이점(밀도가 무한한 시공간 상태)에서 시작하여 특이점에서 끝난다. 그러나 일반상대성에서는 끝의 특이점이 시작의 특이점이 되는 메커니즘이 사실상 없다. 게다가 일반상대성을 포함한 어떤 물리학 이론도 특이점의 무한한 밀도 상태를 설명하지 못한다고 믿을 만한 근거가 있다. 우리는 거시 척도에서 중력이 작동하는 방식을 잘 알며 상대적으로(!) 약한 중력장에서의 중력도 어느 정도 이해하지만, 극단적인 미시 척도에서는 어떻게 작동하는지 전혀 모른다. 관측 가능한 우주 전체가 하나의 아원자 크기로 수축할 때에 나타날 장의 세기는 전혀 계산할 수 없다. 우리는 이처럼 특수한 상황에서는 양자역학이 중요해지고 무엇인가를 통해서 무척 많은 일을 해낸다는 사실은 잘 알지만, 그 무엇인가의 정체는 모른다.

수축–팽창을 오가는 우주에 대한 또다른 문제는 이 같은 반동, 다시 말해서 무엇이 "바운스(bounce)"를 통과하는가이다. 하나의 주기가 끝나고 다른 주기가 시작되어도 무엇인가가 살아남을까? 앞에서 언급했듯이 팽창하는 어린 우주와 붕괴하는 노년의 우주 사이에는 복사장(radiation field)의 불균형이 나타나는데, 이 불균형은 실제로 주기적 우주에서 큰 골칫거리이다. 새 주기가 시작될 때마다 (물리적 정확도 측면에서) 우주가 점차 엉망이 된다는 뜻이기 때문이다. 따라서 우리가 뒤에 이어질 장들에서 살펴볼 무척 중요한 물리학 원리들의 관점에서는 주기적 우주가 그다지 매력적인 가설은 아니다. 절약-재사용-재활용의 생태를 실현하기란 역시나 쉽지 않다.

보이지 않는 존재의 매력

바운스가 가능하든 가능하지 않든 물질은 가득한데 팽창이 충분히 일어나지 않는 우주는 수축할 수밖에 없으므로, 균형의 관점에서 현재 우리가 어느 위치에 있는지 확인하는 편이 좋을 듯하다. 하지만 안타깝게도 모든 물질이 눈에 쉽게 보이는 것이 아니어서 우주에 존재하는 물질의 양을 가늠하기란 쉽지 않다. 우리에게 주어진 것이 은하 사진뿐이면 은하의 무게를 짐작하기란 무척 어렵다. 이미 1930년대부터 사람들은 단순히 은하와 항성을 세는 방식으로는 중요한 무엇인가를 놓치게 된다는 사실을 알았다. 천문학자 프리츠 츠비키는 은하단에서 움직이는 은하들의 운동을 연구하다가 은하들이 움직이는 속도가 지나치게 빠르다는 사실을 발견했다. 그런 속도라면 아주 빠르게 돌아가는 회전목마를 탄 아이들이 허공으로 날아가듯 은하들이 은하단을 벗어나야 한다. 츠비키는 눈에 보이지 않는 "암흑 물질"이 모든 것을 붙잡고 있을 것이라고 추측했다. 천문학계에서 불편한 가능성으로 취급되던 츠비키의 주장은 1970년대에 베라 루빈이 나선 은하들(spiral galaxies)은 눈에 보이지 않는 물질이 존재하지 않으면 그 형태를 절대로 유지할 수 없음을 증명하면서 인정받았다.

루빈의 시대 이후, 암흑 물질이 초기 우주에서 얼마나 중요한 역할을 했는지가 밝혀지면서 암흑 물질에 관한 증거는 계속 힘을 얻어왔지만, 우리의 입자 탐지기와 상호작용하는 데에 영 관심이 없어 보이는 암흑 물질을 직접 관찰하는 일은 여전히 몹시 어렵다. 많은 과학자들이 암흑 물질을 질량은 가졌지만(그래야 중력이 작용하므로) 전자기력이나 강한 핵력과는 전혀 관계를 맺지 않는, 아직 발견되지 않은 기본 입자일 것이라고 추측한다. 여러 이론들에 따르면, 암흑 물질은 약한 핵력을 통해서 다른 입자와 상호작용하므로 탐지할 수는 있지만, 그 신호가 매우 약해서 아직 우리가 발견하지 못한 것이다. 우리가 이제까지 본 것은 암흑 물질이 항성과 은하에 중력을 미치고 있으며 암흑 물질의 중력 덕분에 태초의 우주 수프에서 항성과 은하가 탄생했다는 수많은 증거들이다. 그리고 우주 자체의 형태에서도 암흑 물질의 존재를 입증할 증거를 찾을 수 있다.

아인슈타인이 내놓은 (수많은) 놀라운 생각들 중의 하나는 중력은 물체 사이에 작용하는 힘으로서가 아니라 질량을 가진 물체 주변의 공간 휘어짐으로 생각할 때에 가장 잘 이해할 수 있다는 것이다. 트램펄린 위로 테니스공을 굴린다고 상상해보자. 그런 다음 가운데에 볼링공을 놓는다. 테니스공이 볼링공을 향해 떨어질지 아니면 볼링공을 지나면서 휘어질지는 질량이 큰 무엇인가가 존재하는 공간에서 물체가 어떻게 이동할지를 이해하는 데에 유용하다. 공간 자체의 형태가 물체의 궤도를 휘게 한다. 하지만 공간 휘어짐에 영향을 받는 것은 질량을 가진 물체의 경로만이 아니다. 빛 역시 통과하는 공간의 형태에 영향을 받는다. 휘어진 광섬유 케이블 안에서 빛이 모퉁이를 따라 휘듯이, 공간을 휘게 하는 질량을 가진 물체는 주위를 따라 빛을 휘게 할 수 있다. 따라서 은하와 은하단은 그 뒤에 있는 물체의 형상을 왜곡하는 돋보기가 된다. 암흑 물질에 관한 가장 설득력 있는 증거 중의 하나는 이 같은 "중력 렌즈" 효과가 우리 눈에 실제로 보이는 물질의 질량만으로는 설명할 수 없을 만큼 크다는 것이다. 이는 질량 중 일부가 눈에 보이지 않는다는 뜻이다. 우주에는 암흑 물질이 아주 많은 것으로 밝혀졌다. 처음에 과학자들은 단순히 눈에 보이는 것들을 모두 관측하여 물질의 무게를 추산하려고 했지만 결과는 몹시 부정확했다. 베라 루빈의 연구 결과가 발표되고 얼마 지나지 않아 우주에 있는 물질 중 대부분이 암흑 물질이라는 사실이 드러났다.

그러나 암흑 물질이 알려진 뒤에도 물질의 밀도가 우주의 수축과 영원한 팽창 사이의 경계를 정의하는 "임계 밀도"의 양쪽에서 어느 편에 속하는지는 알기 어려웠다. 우주에 존재하는 모든 내용물을 파악하는 것은 문제의 일부분일 뿐이었다. 우주가 정확히 얼마나 빨리 팽창하는지, 아니면 팽창이 우주의 시간 동안에 어떻게 변했는지를 알아야 했다. 이는 결코 쉬운 일이 아니다.

우주 역사의 어느 짧은 기간에 이루어진 팽창의 속도를 정확히 측정하려면 다양한 거리에 있는 수많은 은하들을 조사해보면 된다. 그런 다음 각각의 은하의 속도와 우리와의 실제 물리적 거리를 밝혀야 한다. 1929년에 천문학자들은 허블-르메트르 법칙에 따라 국부적 팽창 속도를 계산했다(하지만 정확한 비례상수에 관한 논쟁은 이후 수십 년간 이어졌고 여전히 합의가 이루어지지 않고 있다). 그러나 빅 크런치 질문에 답하기 위해서는 우주 시간의 광대한 기간, 즉 아주 먼 거리의 팽창 속도를 알아야 한다. 이는 비교적 단순한 적색 편이를 측정하여 알 수 있는 은하의 속도 문제와는 차원이 다르다. 수십억 광년이 넘는 거리를 정확하게 측정하기란 훨씬 더 어렵다.

1960년대 말 사진 건판 이미지를 이용하여 은하의 속도와 거리를 연구하던 몇몇 선도적인 천문학자들은 우주가 붕괴할 운명이라고 점점 더 믿기 시작했다. 물론 다른 과학자들 대부분은 회의적이었다. 하지만 우주의 붕괴를 주장하던 천문학자들은 정확한 붕괴 광경을 철저하게 파헤치는 무척 흥미로운 글을 발표하기도 했다. 그야말로 격동의 시대였다.

그러나 1990년대 말 천문학자들은 다양한 우주 거리 측정법으로 아주 아주 먼곳에서 폭발하는 항성들의 거리를 측정하여 우주의 팽창을 정확하게 분석하게 되었다. 마침내 우주를 제대로 측정하여 최후의 운명을 알게 된 것이다. 천문학자들의 발견으로 수많은 사람들이 충격에 빠졌고, 세 명이 노벨상을 받았으며, 물리학의 근본적인 작동방식에 관한 인류 지식에 대혼란이 일었다.

인류가 빅 크런치로 불의 죽음을 맞지는 않을 것이라는 발견은 별 위안이 되지 않았다.* 우주가 수축하지 않고 마치 불멸의 존재처럼 영원히 팽창할 것이라는 발견은 얼핏 다행인 듯 들리지만, 다시 한번 곰곰이 생각해보아야 한다. 밝은 면만 본다면, 우리는 우주의 불지옥에서 재가 되어 소멸하지는 않을 것이다. 한편 가능성이 가장 높은 우주 운명의 어두운 면을 본다면, 상황이 훨씬 더 끔찍하리라는 사실을 알게 된다.

---

* 현재 우리의 지식에 비추어볼 때 우주의 수축은 불가능하지 않다. 다음 장에서 이야기할 암흑 에너지가 예상치 못한 기이한 성질을 지녔다면 팽창은 방향을 바꿀 수 있다. 하지만 이제까지 나온 증거들은 수축을 뒷받침하지 않는다.

제4장

열 죽음

> 밸런타인 : 열은 섞이지.
> (그가 방의 허공, 우주의 허공을 가리킨다.)
> 토마시나 : 맞아. 우리 춤출 거면 서둘러야 해.
> —톰 스토파드, 『아카디아(*Arcadia*)』

천문학에 관한 나의 어릴 적 기억 가운데 하나는 1995년에 「디스커버(*Discover*)」에서 "우주 위기"라는 제목의 표지 기사를 읽었을 때이다. 기사에는 도저히 가능하지 않은 데이터가 실려 있었다. 우주가 몇몇 항성보다 어리다는 것이었다.

현재의 팽창에서 빅뱅으로 거슬러올라가 우주의 나이를 정밀하게 계산하면 100억-120억 살이지만, 우리와 가까운 오래된 은하단에 속한 가장 나이가 많은 항성들은 150억 살에 이른다. 물론 항성의 나이에 관한 추산은 항상 정확할 수는 없으므로, 더 나은 데이터에서는 10억-20억 년의 차이가 날 수도 있다. 하지만 이 문제를 해결하기 위해서 우주의 나이를 늘린다면 더 큰 문제가 생긴다. 우주의 나이를 높이려면, 빅뱅 발견 이래로 초기 우주에 대한 연구에서 이룬 가장 중요한 성취인 우주 인플레이션 이론을 폐기해야 한다.

천문학자들은 3년에 걸쳐 데이터를 샅샅이 재점검하고, 이론들을 수정하고, 완전히 새로운 우주 측정법을 만든 후에야 초기 우주에 관한 우리의 지식을 전혀 해치지 않는 답을 찾았다. 초기 우주는 무사했지만 다른 모든 것들은 망가져버렸다. 결국 답은 우주의 그물망에 엮인 새로운 종류의 물리학에 있었다. 우리는 우주에 관한 시각을 근본적으로 바꾸고 우주의 미래를 완전히 다시 써야 했다.

역동적인 천체의 지도

1990년대 말 우주 시대의 위기에 관한 답을 찾은 과학자들은 물리학에 혁명을 일으키려던 의도는 아니었다. 그들은 그저 단순해 보이는 질문에 답하려고 했을 뿐이다. 우주의 팽창 속도는 얼마나 빨리 느려질까? 당시에는 우주의 팽창이 빅뱅으로 시작되었고, 우주 속 만물의 중력이 팽창 속도를 늦춘다는 것이 일반 상식이었다. 이른바 하나의 감속 변수만 알아내면 바깥으로 밀어내는 빅뱅의 추진력과 우주 만물이 안으로 당기는 중력 사이의 균형점을 찾을 수 있을 것이라고 생각했다. 감속 변수가 클수록 중력이 우주 팽창에 거는 제동이 강해진다. 높은 감속 변수는 빅 크런치를 암시한다. 감속 변수가 낮다면, 팽창이 점차 느려지기는 하겠지만 완전히 멈추지는 않을 것이다.

감속이 얼마나 이루어지고 있는지를 알아내기 위해서는 당연히 과거 우주의 팽창 속도를 파악한 다음 현재의 팽창 속도와 비교해야 한다. 다행히 멀리 있는 물체를 바라보기만 해도 과거를 알 수 있다는 사실과 우주 팽창으로 인해서 모든 것이 우리에게서 멀어지는 것처럼 보이는 현상 덕분에 팽창 속도를 비교할 수 있다. 우리가 해야 할 일은 가까이 있는 물체와 아주 멀리 있는 물체를 관측하고 그 두 물체가 얼마나 빨리 멀어지는지를 알아낸 다음 간단한 계산만 하면 된다. 정말 단순하지 않은가!

실제로는 전혀 단순하지 않다. 거리와 적색 편이를 알아내야 할 뿐만 아니라 심우주(deep space) 너머의 거리를 측정하는 일은 무척 어렵다. 하지만 아주 몹시 어려울 뿐이지 가능한 일이다. 다행히도 우주의 구조물을 측정하는 무척 다양한 도구들을 갖춘 천문학자들은 먼 항성들의 격렬한 열핵 폭발에서 그 답을 찾았다!

간단히 설명하자면, 특정 유형의 초신성 폭발은 그 특징을 예측하기가 쉬워서 우주의 이정표로 삼을 수 있다. 항성 잔해물로서 천천히 식어가던 백색왜성이 본격적으로 폭발하면서 맞이하는 격렬한 죽음이 초신성 폭발의 한 과정이다. 우리의 태양 역시 주위를 도는 행성들을 파괴하는 적색거성 단계를 거친 후에는 백색왜성이 될 것이다. 백색왜성이 크기가 커져서 임계 질량에 이르면(주변 항성으로부터 물질을 빼앗아오거나 다른 백색왜성과 충돌하여),* 폭발이 시작된다. Ia형 초신성이라고 불리는 이 같은 항성은 빛의 세기 변화가 무척 독특해서 다른 폭발과 확연히 구분할 수 있는 정형화된 빛의 스펙트럼을 내보낸다. 우리가 Ia형 초신성 폭발의 물리학적 원

---

* 이상하게도 내가 이 책을 쓰고 있는 지금까지도 두 가지 중에서 어떤 메커니즘이 더 우세한지는 밝혀지지 않았다. 우리는 그저 항성 폭발을 보면서 한 개나 여러 개의 백색왜성이 관여했다는 사실만 알 뿐이다.

리를 충분히 이해한다면, 항성 위치에서의 밝기와 지금 우리가 있는 곳에서 바라보는 밝기를 바탕으로 빛이 얼마나 멀리 이동했는지도 원칙적으로 유추할 수 있다("표준 촉광"으로 불리는 이 방법은 정확한 와트 수를 아는 전구에 비유할 수 있다. 전구의 빛은 거리를 제곱한 값에 반비례하므로 와트 수만 알면 거리를 알 수 있다. 영어에서 표준 "전구[light bulb]" 대신 "표준 촛불"을 뜻하는 "standard candle"로 이름을 붙인 까닭은 그저 더 낭만적으로 들려서이다).

거리를 측정한 뒤에는 초신성이 얼마나 빠른 속도로 후퇴하는지 알아야 한다. 항성 폭발이 일어난 은하에서 나오는 빛의 적색 편이를 활용하면 그 지점에서의 우주 팽창 속도를 알 수 있다. 거리와 빛의 속도를 통해서 이 모든 일이 얼마나 오래 전에 일어났는지 파악하면 과거의 팽창 속도를 알 수 있다.

우주의 나이에 관해서 사람들을 놀라게 한 「디스커버」의 기사가 나오고 몇 년 뒤인 1998년에 두 연구진이 멀리 떨어져 있는 초신성들의 관측 데이터를 각자 검토하다가 완전히 불합리한 결론에 이르렀는데, 두 연구팀은 서로 교류가 없었음에도 결과가 완전히 일치했다. 팽창 속도가 얼마나 가파르게 느려지는지를 나타내는 감속 변수가 마이너스라는 사실이었다. 팽창은 느려지지 않았다. 오히려 속도를 올리고 있었다.

우주의 형태

우주가 우리의 기대에 걸맞게 행동한다면, 우주의 팽창과 관련한 기본적인 물리학은 앞 장에서 이야기한 야구공만큼이나 단순해야 한다. 공을 너무 천천히 던지면 속도가 느려지다가 멈춘 뒤에 다시 땅을 향할 것이다. 이는 물질이 충분히 많아서 (아니면 빅뱅 때 일어난 팽창이 그다지 강하지 않아서) 중력이 승리하여 우주가 다시 수축하는 경우와 같다. 한편 인간의 한계를 넘어설 만큼 아주 빠르게 던진다면, 공은 지구의 중력을 탈출하여 계속 속도를 늦추면서 영원히 우주 공간에서 앞으로 나아갈 것이다. 이는 팽창과 중력이 완벽한 균형을 이루는 우주와 같다. 그보다 빨리 던져서 지구를 벗어난다면, 공은 지구의 중력으로부터 받는 영향이 점차 약해지다가 일정한 속도에 도달한 뒤에도 계속 앞으로 뻗어나갈 것이다. 이는 물질이 충분하지 않아서 팽창이 방향을 돌리기는커녕 속도를 늦추지 못해 계속 넓어지기만 하는 우주와 같다.

이 세 가지 우주 형태는 고유의 이름이 있으며 나름의 기하학적 구조를 띤다. 여기에서 말하는 기하학적 구조는 구체나 육면체 같은 우주의 외부 형태를 뜻하는 것이 아니다. 이는 매우 거대한 레이저를 우주를 가로질러 발사하면, 레이저 빔이 어떻게 행동할지에 관한 내부 성질이다(공간의 성질을 파악하는 데에는 거대한 레이저 빔이 유용하다). 빅 크런치를 맞을 우주는 서로 평행을 이루는 레이저 빔들이 앞으로 나아가다가 어느 순간 서로를 향해 휘어지므로 "닫힌" 우주라고 불린다. 지구의 경도선이 서로 만나는 것도 같은 현상이다. 닫힌 우주에는 물질이 너무 많아서 모든 공간이 안으로 휜다. 완벽한 균형을 이룬 우주는, 잘 펼친 종이 위를 지나는 두 개의 평행선처럼 레이저 빔들이 영원히 평행을 이루기 때문에 "평평한" 우주

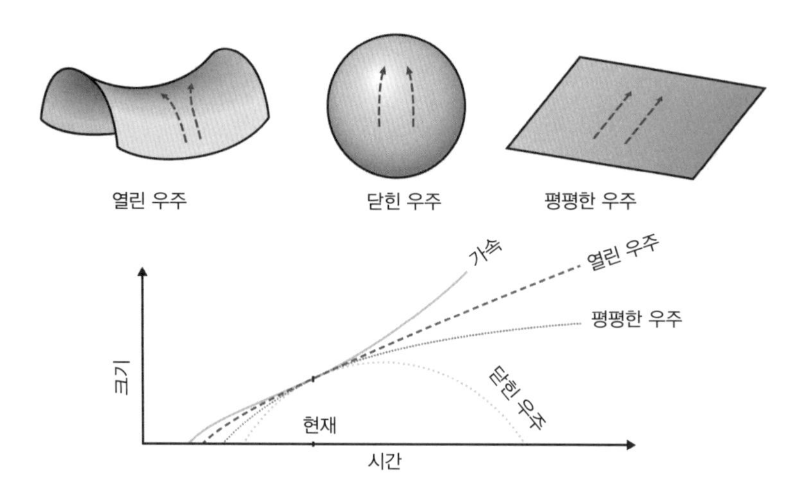

그림 10 열린 우주, 닫힌 우주, 평평한 우주와 그 변화 과정 위의 그림은 우주의 형태에 관한 세 가지 모형이다. 열린 우주에서는 평행한 레이저 빔이 시간이 흐르면서 서로 멀어진다. 닫힌 우주에서는 서로 만난다. 평평한 우주에서는 평행을 유지한다. 그래프에서 알 수 있듯이, 기하학적 구조에 따라서 우주의 운명은 달라진다. 닫힌 우주는 중력이 강하기 때문에 우주가 다시 수축하고, 열린 우주에서는 팽창하는 힘이 중력보다 강해 영원히 팽창한다. 완벽한 균형을 이루는 평평한 우주는 계속 팽창하지만 팽창 속도가 영원히 느려진다. 하지만 우주에 암흑 에너지가 있다면 (우주의 기하학적 구조가 평평하더라도) 팽창 속도는 빨라질 수 있다.

라고 불린다. 중력보다 팽창하는 힘이 훨씬 강한 "열린" 우주에서는 쉽게 예상할 수 있듯이 두 개의 레이저 빔이 시간이 지날수록 서로 멀어진다. 이를 2차원 표면에 비유하면 말안장을 떠올리면 된다. 말안장 위로 평행한 두 선을 그리려고 하면 점차 서로 멀어진다(주변에 안장이 없다면 프링글스 칩으로 해보라). 이 같은 형태들은 우주의 "거시 곡률(curvature)", 다시 말해서 물질과 에너지로 인해서 우주 전체가 얼마나 왜곡되었는지(혹은 왜곡되지 않았는지)를 나타낸다.

이 세 가지 가능성의 첫 번째 공통점은 아인슈타인의 중력 방정식에 부합하며 물리학적으로 모두 타당하다는 것이다. 두 번째는 현재 팽창이 속도가 느려지고 있다는 것이다. 천문학자들이 초신성을 측정했을 당시, 우주가 팽창 속도를 올릴 수 있는 합리적인 물리학적 메커니즘은 없었다. 공을 위로 던졌더니 속도가 점차 느려지다가 갑자기 어떤 이유도 없이 우주로 빠르게 날아가버리는 것만큼이나 이상한 일이었다. 그 이상한 일이 **우주 전체**에서는 이상한 일이 아니다.

물리학자들은 측정 결과를 확인하고 또 확인했지만 결론은 항상 같았다. 팽창 속도는 증가하고 있었다.

절박한 과학자들은 절박한 방법에 기댔다. 너무나 절박한 나머지 우주 자체에 거대한 우주 에너지 장이 있어서 빈 진공 상태가 사방으로 뻗어 나가는 고유의 추진력을 가진다고 생각하기에 이르렀다. 다시 말해서 아직 발견되지 않은 어떤 시공간 성질을 지닌 우주가 항상 존재해온 소멸하지 않는 에너지 원천을 통해서 스스로 팽창해 왔다는 것이다. 바로 **우주상수**(cosmological constant)이다.

그다지 비어 있지 않은 우주

물리학의 뿌리를 뒤흔든 여러 놀라운 발견들과 달리 우주상수는 완전히 새로운 개념은 아니었다. 사실 아인슈타인*이 맨 처음에 제

* 물리학자들은 아인슈타인이 내놓은 수많은 놀라운 아이디어들을 보며 박탈감을 느끼지 않을 수 없다.

안한 우주상수는 우주의 진화를 설명하는 그의 중력 방정식들에 훌륭하게 들어맞았다. 하지만 그의 생각은 매우 큰 착각에서 비롯된 것으로 애초에 글로 남지 않았어야 했다.

아인슈타인의 의도는 선했다. 우주상수의 목적은 대재앙의 수축으로부터 우주를 구해내는 것이었다. 좀더 정확히 말하면 이미 일어난 재앙적인 붕괴였다. 중력에 관한 한 누구보다도 전문가였던 아인슈타인은 수많은 데이터가 우주가 중력으로 인해서 이미 오래 전에 파괴되었어야 한다는 불편한 결론으로 향하고 있음을 잘 알았다. 빅뱅 이론이 널리 받아들여지기 반세기 전인 1917년에는 여전히 많은 사람들이 우주가 변하지 않는 정적 상태라고 믿었다. 별에는 삶과 죽음이 있고 물질은 구조가 조금씩 바뀔 수 있지만, 우주는 다른 모든 사건의 배경인 공간일 뿐이었다. 따라서 아인슈타인은 정적인 밤하늘의 별들을 바라보면서 우주가 곤경에 처했음을 깨달았다. 모든 별은 중력으로 서로를 끌어당기므로 거리가 서서히 가까워져야 했다. 중력은 무한한 거리에 작용하고 오로지 끌어당기기만 하므로 별들 사이의 거리가 아무리 멀다고 해도 소용없었다(당시 다른 은하들이 존재한다는 사실이 아직 분명히 밝혀지지 않았음을 기억하라. 하지만 아인슈타인이 은하들에 대해서 같은 주장을 적용했더라도 문제는 그대로이다). 정적인 우주에서는 무엇인가가 끌어당기는 힘을 전혀 느낄 수 없는 먼 거리로 도망가는 것은 불가능하므로 언젠가는 가까워질 수밖에 없다. 아인슈타인의 계산에 따르면 질량을 가진 물체들이 존재하는 우주는 이미 내부 붕괴했어야 한다. 우주의 존재 자체가 모순이었다.

당연히 이것은 좋지 않은 상황으로 보였다. 다행히 아인슈타인은 자신의 일반상대성이론을 미세하게 수정하여 우주를 구할 수 있었다. 우주의 어떤 것도 별들의 중력을 거스를 수는 없지만, **우주 자체**는 가능할지도 몰랐다. 아인슈타인이 이전에 만든 우아한 방정식은 우주의 형태가 우주 속 만물이 끌어당기는 힘에 어떤 영향을 받는지 설명했다. 아인슈타인은 중력의 끌어당기는 힘이 가까운 미래에 우주를 파괴하지 않게 하기 위해서는 자신의 방정식이 불완전하다고 인정하거나 중력이 일으킬 수축을 완벽하게 상쇄할 조건을 추가하여 물체 간의 공간을 늘려야 했다. 이 같은 조건은 우주의 새로운 구성요소가 아니라 공간의 모든 곳이 일종의 척력 에너지를 지니는 우주 자체의 성질에 관한 것이었다. (항성이나 은하 사이의 공간처럼) 공간이 매우 넓고 물질이 많지 않다면 반발 에너지가 중력의 끌어당기는 힘을 상쇄한다.

성공이다! 방정식이 들어맞았다. 다른 별이나 은하의 존재가 우주 전체를 조만간 붕괴시키지 않는 정적인 우주를 훌륭하게 설명했다. 아인슈타인이 또 한 번 해냈다.

다만 한 가지 문제가 있다. 우주가 정적이지 않다는 사실이다. 이는 몇 년 뒤에 "나선 성운(spiral nebula)"이라고 불리던 희미한 윤곽이 사실은 다른 은하들임이 밝혀지면서 분명해졌다. 얼마 지나지 않아 허블은 이 은하들의 적색 편이를 통해서 우주가 실제로 팽창하고 있음을 증명했다. 중력의 인력만 있는 정적인 우주는 종말의 운명을 맞지만, 팽창하는 우주는 최소한 당분간은 팽창 덕분에 무사할 수 있다. 중력은 팽창 속도를 늦추고 결국 팽창의 방향을 바꾸겠지만, 처음 폭발적으로 커진 이후 수십억 년 동안은 팽창의 영향이 계속되면서 안전할 것이다(팽창이 어떻게 시작되었는지는 완전히 다른 이야기이지만, 여기에서 막아야 하는 것은 우주가 이미 다 타버린 토스트가 되는 끔찍한 종말이다. 이를 위해서는 우주상수나 팽창이 필요하다).

우주가 팽창한다는 발견으로 우주론의 관점은 완전히 탈바꿈되었고 아인슈타인은 작은 오명을 떠안게 되었다. 그는 어쩔 수 없이 자신의 방정식에서 우주상수를 없앤 뒤에 다른 기초 물리학 분야들로 눈을 돌려 혁명을 일으켰다. 그렇게 우주의 진화는 합리적으로 설명된 듯했지만, 1998년에 초신성이 측정되면서 모든 것이 다시 엉망이 되었다. 팽창이 가속하고 있다는 사실이 밝혀지면서 우주상수를 다시 소환해야 했지만, 아인슈타인이 "내 말이 맞잖아"라고 말하기에는 이미 너무 늦은 뒤였다.

우주상수가 팽창 가속을 설명할 수 있다는 이유만으로 모든 과학자들이 이것을 합리적이고 훌륭한 해결책으로 여기는 것은 아니다.* 이론적으로는 우주상수가 왜 그런 값을 가지는지 설명할 길이 전혀 없다. 계산을 편하게 해준다는 떨떠름한 이유 말고는 도대체 우주상수가 왜 존재해야 할까? 우주상수가 있어야 한다면, 왜 그 값이 더 크지 않을까? 우주에 우주상수가 있다고 가정하는 가장 논리적이고 자연스러운 방법들 중의 하나는 이것이 우주의 진공 에너지에서 비롯되었다고 유추하는 방식일 것이다. 양자 요동으로 나

* 역시 우주론은 **우주를 구하는** 것이 전부가 아닌 냉철한 분야이다.

타났다가 사라지는 가상 입자(virtual particle) 같은 기이한 대상들은 빈 공간의 에너지로 설명할 수 있기 때문이다. 하지만 양자장 이론에 필요한 진공 에너지를 계산하면, 실제 우주상수로 여겨지는 값과 자릿수 차이가 120이나 난다. 자릿수에 익숙하지 않은 사람들을 위해서 설명하자면, 한 자릿수 차이는 10배를 의미한다. 100은 두 자릿수의 숫자이다. 120자릿수는 10의 120제곱이다. 숫자의 차이에 관대한 편인 천체물리학에서도 이는 지나친 오차이다. 우주상수가 양자장 이론가들이 잘 알고 사랑하는 진공 에너지가 아니라면 도대체 무엇이란 말인가?

"우주상수 문제"에 관해서 제시된 한 가지 해결책은 우주상수가 관측 가능한 우주에서는 그 값이 작지만 그보다 더 먼 곳에서는 다른 값을 취하므로 우리가 있는 곳에서 작은 값을 가지는 것은 단순한 우연이라는 가정이다(우연이 아니라 필연일 수도 있다. 우주상수가 우리가 아는 값과 매우 다르다면 우주의 팽창 속도가 너무 빨라서 은하가 형성될 수 없으므로 생명과 지능이 탄생하기 어려웠을 것이다). 또다른 가능성은 우주상수가 상수처럼 보이지만 실은 시간에 따라 변하는 새로운 에너지 장이라는 것이다. 이 에너지 장이 어떤 이유에서인지 현재의 모습으로 변한 것이다.

우리는 우주의 팽창을 가속시키는 정체가 실제로 우주상수인지 확신할 수 없으므로 우주 팽창을 가속할 수 있는 가정적 현상을 통틀어 **암흑 에너지**(dark energy)라고 부른다. 관련 용어를 더 자세히 설명하자면, 중세에 철학 담론의 한 장을 장식했지만 아직도 그 구체적인 실체가 밝혀지지 않은 "제5원소"를 뜻하는 "퀸테센스

(quintessence)"는 변화하는 (즉 일정하지 않은) 암흑 에너지를 일컫는다. 퀸테센스의 장점 중의 하나는 초기 우주의 인플레이션과 여러 비슷한 점이 있는 이론이 가능하다는 것이다. 우리는 인플레이션을 일으킨 것의 정체가 무엇인지는 모르지만, 어쨌든 그것이 끝났다는 사실은 알고 있으므로, 팽창의 속도를 높였던 그와 비슷한 장(field)이 이후 우리가 지금 목격하고 있는 가속을 계속 일으키고 있는지도 모른다.

(퀸테센스 가설의 암울한 측면들 중의 하나는 이론적으로 암흑 에너지가 시간에 따라 변하면서 우주를 격렬하게 파괴할 수도 있다는 것이다. 예를 들면 우주 팽창을 가속하는 무엇인가가 지금 방향을 틀면 우주는 팽창을 멈추고 수축해서 빅 크런치로 치달을 것이다. 다행히 이는 가능성이 무척 낮아 보이지만 그렇다고 절대 일어나지 않으리라고 장담할 수는 없다.)

어찌 되었든 현재의 관측에 따르면, 최근에야 (그러니까 지난 몇십억 년 동안) 우주 진화를 지배하기 시작한 시공간의 불변의 성질인 우주상수가 암흑 에너지인 것으로 보인다. 지금보다 조밀했던 초기 우주에는 우주상수가 특별한 역할을 할 공간이 충분하지 않았으므로(우주상수는 빈 공간의 성질이므로), 당시 팽창은 예상할 수 있듯이 점차 느려졌다. 하지만 약 50억 년 전에, 서서히 일어나던 우주 팽창으로 인해서 물질들의 밀도가 낮아지면서 우주상수가 본격적으로 공간을 늘리기 시작했다. 지금 우리는 팽창 속도가 본격적으로 빨라지기 전에 시작된 초신성 폭발의 움직임을 측정할 수 있으므로, 이는 우주 팽창이 감속한 시기로 거슬러올라가 가속으로 바뀐 시점을 거의 정확히 파악할 수 있다는 의미이다. 물론 암흑 에너지는 우리가 이제까지 몰랐던 새로운 역학적인 장일지도 모른다. 하지만 지금으로서는 우주상수가 모든 데이터에 완벽하게 들어맞는다.

그러나 우주상수를 미래에 일어날 결과에 적용하면 한 가지 아이러니가 생긴다. 아인슈타인이 우주를 구하려고 도입한 조건이 결국 종말로 이어지기 때문이다.

무한한 우주 러닝머신

우주상수로 인한 종말은 고립, 거침없는 붕괴, 기나긴 어둠의 그림자가 계속되는 길고 괴로운 과정이다. 정확히 말하면 **우주**의 끝이 아니라 **우주 안에 있는 만물**의 끝이라고 할 수 있다.

우주상수가 종말을 일으키는 까닭은 우주가 팽창 속도를 높인 후에 절대로 팽창을 멈추지 않기 때문이다.

현재 관측 가능한 우주는 당신이 생각하는 것보다 클 것이다. "관측 가능한" 부분이란 입자 지평선(particle horizon)에 속한 영역을 뜻한다. 입자 지평선은 빛의 속도가 지니는 한계와 우주의 나이를 고려하여 관측할 수 있는 가장 먼 거리로 정의한다. 빛은 이동하는 데에 시간이 걸리고 우리의 관점에서 멀리 있는 물체일수록 더 먼 과거이므로, 시간 자체의 시작에 해당하는 거리가 있어야 한다. 태초의 순간에 빛줄기가 나왔다면 그곳에서부터 우리에게 닿기까지 걸린 시간은 우주의 나이일 것이다. 이 가정을 통해서 입자 지평선을 파악하는데, 이는 이론적으로도 우리가 무엇인가를 볼 수 있는 가장 먼 곳이다. 우주의 나이가 약 138억 살이라는 사실을 안다면, 입자 지평선은 반경이 약 138억 광년인 구체라고 유추할 수 있다. 하지만 이는 우주가 정적이라고 가정할 때이다. 실제로 우주는 계속 팽창해왔으므로 138억 년 전에 우리에게 빛을 보낼 만큼 가까웠던 무엇인가는 지금은 훨씬 더 멀어져 약 450억 광년 떨어진 곳에 있다. 그렇다면 관측 가능한 우주는 우리를 중심으로 약 450억 광년의 반경을 가지는 구체이다.*

우리가 관찰할 수 있는 영역 중 구체의 "가장자리"와 가장 가까운 곳은 우주 배경 복사이며 우주 배경 복사의 빛은 거의 입자 지평선에서 발산된다. 하지만 그보다 우리와 조금 가까운 곳에서도 300억 광년 이상 먼 고대의 은하를 볼 수 있다. 그러나 고대 은하에서 보이는 빛은 우리에게서 멀어지기 한참 전에 출발한 빛이다. 그렇지 않다면 우리는 그 빛을 전혀 볼 수 없을 것이다. 지금** 출발한 빛은 우리에게 결코 닿을 수 없기 때문이다. 균일하게 팽창하는 우주에서는 멀리 있는 사물일수록 더 빨리 멀어지므로 사물의 겉보기 후퇴 속도가 빛보다 빨라져서 빛이 따라잡을 수 없는 지점이 생길 수밖에 없다.

---

* 우리가 우주의 다른 은하에 있더라도, 관측 가능한 우주는 여전히 우리를 중심으로 반경이 450억 광년인 구체이다. "관측 가능한 우주"는 주관적이고 말 그대로 자기중심적인 개념이다.

** 제2장에서 살펴보았듯이 "지금"을 정의하기란 쉽지 않다.

"잠깐!" 당신은 이렇게 말할 것이다. "어떤 것도 빛보다 빠를 수는 없잖아!" 훌륭한 지적이지만 여기에는 아무런 모순도 없다. 그 어떤 사물도 빛보다 빨리 공간을 이동할 수는 없지만, 가만히 있는 물체들 사이의 공간이 점차 넓어지면서 멀어지는 거리를 제한하는 규칙은 없다.

빛의 속도보다 은하들의 후퇴 속도가 빠른 지점은 우리가 실제로 얼마나 멀리 볼 수 있는지와 비교했을 때에 놀라우리만큼 가깝다. 허블 반지름이라고 부르는 이 거리는 지구에서 약 140억 광년 떨어져 있다. 제3장에서 설명했듯이 어떤 사물의 거리는 우주 팽창으로 사물의 빛이 스펙트럼의 적색 부분(낮은 진동수/긴 파장)으로 향하는 정도로 가늠할 수 있다. 허블 반지름에 있는 사물의 적색 편이는 약 1.5로, 이는 빛이 출발한 이래 빛의 파동과 우주 자체가 처음 길이보다 2.5배 늘어났음을 의미한다.* 하지만 이처럼 도무지 상상하기 힘든 거리도 우주론적 관점에서는 그렇게 먼 거리가 아니다. 우리는 적색 편이가 거의 4에 이르는 초신성도 관측했다. 이제까지 관측된 가장 먼 은하는 적색 편이가 약 11이고, 우주 배경 복사의 적색 편이는 약 1,100이다.

그렇다면 아주 멀리 있어서 이제까지 계속해서 빛보다 빠른 속도로 우리로부터 멀어져가던 많은 물체들이 어떻게 우리 눈에 보이는 것일까? 빛보다 빨리 움직이는 물체에서 나온 빛줄기는 우리에게

* 우주의 상대적인 크기 증가는 적색 편이에 1을 더한 것이므로 적색 편이가 0인 가까운 곳에 있는 사물은 우리 우주와 크기가 같은 우주에 있다.

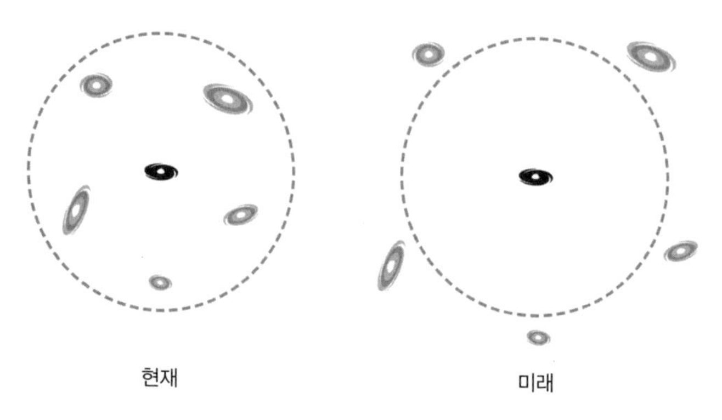

그림 11 지금과 미래의 허블 반지름 우주 팽창이 가속되면 현재 허블 반지름 안에 있는 은하들은 바깥에 있게 된다. 그렇게 되면 국부 은하군 안에서는 어떤 은하도 보이지 않게 된다.

가까이 오지 않고 오히려 멀어진다. 하지만 우리가 현재 보는 빛이 광원에서 출발한 시점은 우주가 작고 팽창 속도는 느려지던 오래 전이다. 그러므로 우주 팽창으로 인해서 우리에게서 멀어지기 시작한 빛줄기(빛줄기가 방출되는 방향은 우리를 향하기는 한다)는 우주 팽창이 느려지면서 속도를 "따라잡아" 빛의 속도보다 후퇴 속도가 느려지는 가까운 지점에 도달하게 된다. 바깥에서부터 우리의 허블 반지름으로 진입한 것이다.

당신이 달릴 수 있는 속도보다 빨리 돌아가는 아주 긴 러닝머신 가운데에 서 있다고 상상해보자. 아무리 빨리 달려도 점차 뒤로 밀릴 수밖에 없다. 하지만 뒤처지는 정도가 그렇게 크지 않고 러닝머신의 속도가 점차 느려진다면 언젠가는 앞으로 나아가 러닝머신에서 떨어지지 않을 것이다. 따라서 팽창이 점차 느려지는 우주에서는 멀리 떨어져 있는 물체에서 나오는 빛의 속도가 팽창 속도를 따라

잡게 되므로, 우리는 시간이 흐를수록 더 멀리 있는 물체들을 볼 수 있게 된다. 팽창 속도가 빛의 속도보다 느린 "안전지대"인 허블 반지름은 점차 길어지며 전에는 반지름의 외부에 있었던 물체들도 포함하게 된다. 말 그대로 우리의 지평선*이 확장되고 있는 것이다.

그러나 암흑 에너지가 모든 것을 망친다. 암흑 에너지 때문에 팽창 속도는 더 이상 느려지지 않는다. 사실 지난 50억 년 동안은 오히려 빨라졌다. 게다가 허블 반지름은 물리적인 크기가 여전히 증가하고 있지만 증가 속도가 느리기 때문에 전에는 관측 가능했던 물체들이 팽창으로 인해서 바깥으로 끌어당겨지고 있다. 우리는 팽창 가속이 시작되기 전에 빛이 허블 반지름 안으로 들어온, 아주 먼 물체들은 볼 수 있지만, 빛이 현재 안전지대 안에 있지 않은 물체들은 그 어떤 것도 영원히 볼 수 없다(이에 대해서는 뒤에서 더 자세히 이야기하자).

이처럼 복잡한 암흑 에너지 개념이 아니더라도 우주 팽창은 우리의 머리에 욱여넣기에는 너무나 어려운 현상이다.**

우주가 팽창하고 있다는 사실은 과거에는 지금보다 작았다는 뜻

---

* 엄밀히 말해서 허블 반지름은 물리학 용어 측면에서 지평선이 아니다. 한편 입자 지평선은 말 그대로 지평선이다. 지평선이란 더 이상 어떤 것에 대한 정보도 얻을 수 없는 경계를 의미하기 때문이다. 허블 반지름은 현재의 팽창 속도가 빛의 속도인 반경일 뿐이지만, 시간에 따라 변하면서 앞에서 말했듯이, 새로운 물체들이 포함될 수 있다. 사람들이 이를 지평선이라고 부르는 사실에 많은 우주론자들이 못마땅해한다.

** 물론 말 그대로 머리에 넣는다는 뜻은 아니다. 불가능할 뿐 아니라 절대 해서는 안 될 일이다.

이다. 여기까지는 쉽다.

과거에 지금보다 작았다는 사실은 지금 멀리 떨어져 있는 무엇인가가 과거에는 가까웠다는 이야기이다. 여기까지도 괜찮다.

그렇다면 지금 우리가 볼 수 있는 아주 먼 은하가 수십억 년 전에는 가까이 있었다는 의미이다. 당연하다.

그리고 아주 오래전 그 은하가 내보낸 빛줄기는 우리를 향하기는 하지만 점차 멀어지다가, 어느 순간 우리의 관점을 기준으로 멈추더니 방향을 바꾸어 이제야 도착했다. 특정 시각에서 보면 분명 이해할 수 있는 내용이다.

그러나 상황은 더욱 이상해진다.

소리쳐서 미안하다. 진심이다. 그래도 에둘러 말하지 않겠다. 우주는 빌어먹을 만큼 이상하며 허블 반지름-관측 가능한 우주의 관계는 상황을 이상하게 만드는 주범이다. 이제부터 우주론에서 가장 충격적이고 이상한 사실을 이야기하겠다. 멀리 있는 물체일수록 작아 보이는가? 너무나 당연한 이야기이다. 거리가 멀수록 더욱 작아 보인다. 비행기에서 내려다보면 사람들은 아주 작다. 멀리 있는 건물은 엄지손가락으로도 가릴 수 있을 정도이다. 누구나 다 아는 사실이다.

우주에서는 다를까? 그다지 다르지 않다.

어느 정도 멀리 있는 물체는 작아 보인다. 태양은 달보다 훨씬 크지만 아주 더 멀리 떨어져 있어서 우리 눈에는 같은 크기로 보인다. 수십억 광년까지는 멀리 있는 은하일수록 작아 보인다. 당신이 예상하는 대로이다. 하지만 허블 반지름의 경계 언저리에서는 관계가

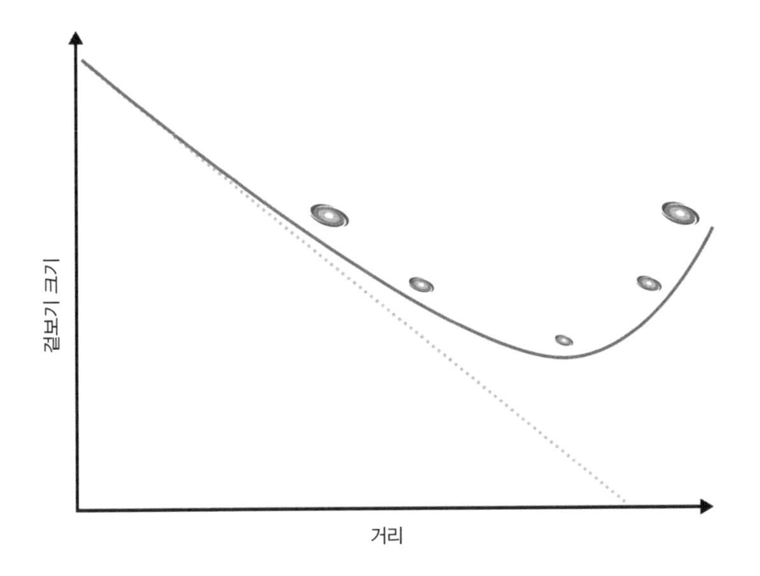

그림 12 지구와의 거리에 따른 먼 은하의 겉보기 크기(실제 크기가 같은 은하들이라고 가정) 특정 거리까지는 멀리 떨어진 은하일수록 작아 보이지만, 더 멀어지면 관계가 역전되어 멀리 있는 은하가 더 커 보인다. 점선은 정적인 우주에서라면 겉보기 크기가 거리에 따라서 어떻게 달라지는지를 나타낸다.

역전된다. 멀어지면 멀어질수록 더 커 보인다! 이는 천문학자에게는 무척 고마운 일이다. 아주 멀리 떨어져 있어서 원래대로라면 극도로 작은 점으로 보여야 할 은하의 구조와 형태를 세밀하게 알 수 있기 때문이다. 그러나 곰곰이 생각해보면 기하학적으로는 몹시 이상한 일이 아닐 수 없다.

이 같은 역관계는 우리가 빛보다 빨리 후퇴하는 물체들을 볼 수 있는 이유와 관련이 있다. 물체들이 과거에 빛을 내보내기 시작했을 때는 지금보다 가까웠다. 사실 무척 가까웠기 때문에 지금보다 하늘을 더 많이 덮었다. 물론 지금은 훨씬 멀리 있지만, 그 물체들이 우리에게 보낸 "스냅숏"은 계속 이동하다가 이제야 도착했고 그 모습은 물체들이 훨씬 가까이 있는 으스스한 이미지이다. 먼 과거로 거슬러오를수록 우주는 더 작았다. 그러므로 "과거에는 우주가 더 작았다"와 "빛은 이곳에 닿을 때까지 일정한 시간이 걸린다" 사이의 균형 때문에, 특정 지점을 지나면 **지금**은 다른 은하보다 더 멀리 있는 은하가 과거에 빛을 내보냈을 때에는 **더 가까웠을 수도** 있다.

앞에서 경고했듯이 이해하기가 쉽지는 않을 것이다.

도통 영문을 모르겠고 혼란스럽더라도 괜찮다. 당연한 일이다. 냅킨에 어떤 그림을 그린 다음 아주 빠른 속도의 무한히 긴 러닝머신 위에서 수십억 년 동안 냅킨을 사방으로 당긴다고 상상해보라. 이 비유가 이해에 도움이 되기를 바란다. 이제 이 모든 것이 존재의 미래에 대해서 무엇을 의미하는지 다시 이야기하기로 하자. 그다지 희망적이지는 않다.

암흑을 향한 느린 행진

"암흑 에너지는 모든 것을 파괴한다"는 주장은 과장이 아니다. 팽창 속도가 빨라지면 역설적이게도 우주 내부의 물체들이 미치는 영향이 줄어든다. 우주 팽창 때문에 허블 반지름 바깥으로 밀려난 먼 은하들은 우리와 이별한다. 먼 과거가 보이는 은하들은 오래되어 바랜 사진처럼 서서히 어두워진다. 우리 은하와 안드로메다가 합쳐진 후에 우리의 작은 국부은하군은 어둠과 희미해져가는 원시의 빛에 둘러싸여 점차 고립될 것이다. 우주 전체에서 우리 눈에 보이지 않는 다른 은하군과 은하단들이 합쳐지면서 탄생한 거대한 타원형 항성 무리가 처음에는 격렬한 충돌로 인해서 밝은 빛을 내뿜겠지만 시간이 지나면서 불씨는 사그라들고, 작은 불씨는 은하군이나 은하단이 팽창하면서 점차 비어가는 공간, 그 너머는 비추지 못할 것이다.

새롭게 태어났지만 점차 죽어가는 각각의 초은하계는 결국 외톨이가 된다. 새로운 항성들 주변에는 연료를 공급할 대상이 아무것도 없게 된다. 이미 빛나고 있는 항성들은 초신성으로 폭발하기도 하지만, 대부분은 외피를 한 꺼풀씩 벗으며 수십억 년에서 수조 년 동안 서서히 식어가는 유물이 된다. 한동안 블랙홀들은 커진다. 일부는 은하를 구성할 정도로 수많은 항성들의 잔해를 삼키겠지만, 일부는 주변에 더 이상 집어삼킬 물질이 없어 성장을 멈춘다.

항성이 모두 어둠에 묻히면 궁극적인 붕괴가 개시된다.

블랙홀이 증발하기 시작한다.

한때 과학자들은 블랙홀이 다른 물질을 빨아들이기만 하고 질량은 잃지 않는 불멸의 존재라고 생각했다. 빛조차 빠져나오지 못한다면 탈출구 없는 구덩이라고 생각하는 것이 당연하다. 그러나 1970년대에 스티븐 호킹은 블랙홀의 지평선에서 일어나는 양자 효과가 블랙홀을 아주 희미하게나마 밝힌다는 사실을 수학적으로 계산했다. 이 빛은 에너지, 다시 말해서 질량을 가져가므로 블랙홀은 크기가 점차 작아진다. 이 과정은 처음에는 서서히 일어나다가 속도가 점점 빨라지면서 밝기와 온도가 올라가고 마침내 폭발이 일어나서 블랙홀은 결국 사라진다. 은하들의 가운데에 있는 초거대질량 블랙홀 역시 태양보다 질량이 수백만 배에서 수십억 배에 달하지만 결국 점차 작아지다가 사라질 운명이다.

항성과 행성의 구성물질과 가스, 먼지 같은 일반적인 물질도 블랙홀처럼 극적이지는 않지만 비슷한 운명을 맞는다.

물질을 이루는 입자 대부분은 어느 정도 불안정하다고 알려져 있다. 오랫동안 그대로 두면 질량과 에너지를 잃으면서 다른 형태로 붕괴한다. 이를테면 중성자는 양성자, 전자, 반중성미자로 붕괴한다. 양성자 붕괴는 실험으로 관찰된 적은 없지만, 10^{33}년을 기다린다면 양성자 붕괴를 목격할 수 있을 것이라고 합리적으로 믿을 수 있다. 그때쯤이면 빅뱅 이래로 가장 많은 원자로 존재해온 수소조차도 사라지기 시작할 것이다.

우주상수 형태의 암흑 에너지가 지배하는 우주의 먼 미래는 암흑, 고립, 공허, 붕괴의 공간이다. 하지만 이 같은 느린 퇴보는 진정한 마지막인 열 죽음의 시작일 뿐이다.

누군가는 “열 죽음”이라는 말을 들으면 우주가 탄생한 이후 그 어느 때보다도 차갑고 어두운 상태를 뜻하는 것으로 오해할지도 모른다. 하지만 여기에서 전문적인 물리학 용어인 “열”은 “따뜻함”이 아니라 “입자나 에너지의 무질서한 움직임”에 가깝다. 그리고 이는 **열의 죽음**이 아니라 **열에 의한 죽음**이다. 다시 말해서 우리를 죽음으로 이끄는 것은 무질서이다. 이를 이야기하기 위해서 잠시 엔트로피(entropy)에 대해서 알아보자.

엔트로피는 과학의 모든 분야에서 무척 중요하고 유용하지만 안타깝게도 불분명한 개념이다. 이것은 풍선에서부터 블랙홀에 이르기까지 모든 사물의 물리학뿐 아니라 컴퓨터공학, 통계학, 심지어 경제학과 신경과학에도 등장한다. 일반적으로 엔트로피는 무질서의 맥락에서 설명된다. 무질서한 계(系)일수록 엔트로피가 높다. 퍼즐 조각 더미는 다 맞춘 퍼즐보다 엔트로피가 높고, 스크램블드에그는 날달걀보다 엔트로피가 높다. 얼마나 "무질서"한지 쉽게 알 수 없다면, 계의 구성요소들이 얼마나 자유로운지 또는 구속되지 않는지로 엔트로피를 판단할 수 있다. 구체적으로 설명하자면 완성된 퍼즐이 엔트로피가 낮은 까닭은 모든 조각이 제자리를 찾아 퍼즐을 완성하는 방향은 한 가지뿐이지만, 조각이 더미를 이루는 가능성은 무한하며 어떤 경우든 성공적으로 더미를 이룰 수 있기 때문이다.

퍼즐의 예에서는 분명히 나타나지는 않지만, 엔트로피 상승은 온도 상승과도 관련된다. 얼음 덩어리와 증기 구름의 차이를 떠올리면 쉽게 이해할 수 있다. 물 분자가 얼음이 되려면 결정 구조를 이루어야 하는 반면, 증기 속 입자들은 3차원 공간에서 자유롭게 움직인다. 하지만 증기도 온도가 내려가면 입자의 움직임이 둔해져서 좀 더 구속되고 무질서 정도가 줄어들어 엔트로피가 낮아진다.

우주론적 관점에서 엔트로피가 중요한 점은 시간이 흐를수록 상승한다는 사실이다. 열역학 제2법칙*에 따르면 고립된 계에서는 총

---

* 열역학 법칙은 이상하게도 제0법칙부터 시작하는데 다른 법칙들은 제2법칙보다는 시시하다. 간단히 설명하면 다음과 같다. (0) 어떤 사물이 다른 사물과 열평형을 이루고 또다른 사물도 평형을 이룬다면, 셋 모두 평형 상태이다. (1) 에너지는 보존되므로 영구 기관(perpetual motion machine)은 불가능하다(안타까

엔트로피가 증가할 뿐 감소할 수는 없다. 다시 말해서 질서는 아무 것도 없는 상태에서 저절로 생기는 것이 아니며 무엇인가를 충분히 오랜 시간 내버려두면 무질서해진다. 책상을 항상 깨끗이 정리하는 사람이라면 쉽게 이해할 무척 직관적이면서도 고약한 우주의 자연 법칙이다.

우주 자체가 고립계(isolated system)인지에 대해서는 논란의 여지가 있지만, 고립계로 가정한다면 미래에 우주는 무질서해져 붕괴할 것이라는 결론에 이르게 된다. 사실 열역학 제2법칙은 시간의 흐름을 일으키는 원인으로 여겨질 정도로 근본적이고 불가피한 현상이다.

일반적으로 물리학 법칙은 시간의 방향과 무관한다. 시간의 공식을 뒤집더라도 대개 물리학에는 아무런 영향을 주지 않는다. 엔트로피는 시간이 어느 방향으로 흐르는지와 관련된 유일한 물리학 현상이다. 우리가 미래는 알지 못하고 과거만 기억하는 유일한 이유는 "모든 것은 나빠지기만 할 뿐"이라는 말이 우리가 아는 실재를 형성하는 보편적인 진리여서일지도 모른다.

당신은 이렇게 외칠지 모른다. "잠깐! 난 방금 직소 퍼즐을 다 맞췄다고! 질서를 탄생시킨 거지! 그렇다면 내가 시간의 화살을 되돌린 건가?!"

그렇지 않다. 퍼즐은 고립계가 아니며 당신도 마찬가지이다. 엄밀히 말해서 국지적인 엔트로피 증가는 어느 정도 노력하면 방향을

운 일이다). (3) 무엇인가가 절대 영도에 가까워지면 엔트로피는 일정한 값에 가까워진다.

감소로 바꿀 수 있다. 무척 어렵기는 하겠지만, 충분한 시간을 들이고 아주 정교한 실험 장치를 활용한다면 스크램블드에그를 원래 상태로 되돌릴 수 있다. 하지만 총 엔트로피는 언제나 상승한다. 퍼즐 조각을 맞추는 동안 당신은 섭취했던 음식의 화학적 구조를 분해하고, 몸에서 열을 발산하며, 주변에 부산물을 내보내서(이산화탄소 같은 것 말이다) 에너지를 소비한다. 그러면 방은 조금 더워지고 더러워지며 당신이 입은 셔츠에는 주름이 생긴다. 스크램블드에그를 날달걀로 되돌리는 기계가 주변에 어떤 영향을 미칠지는 모르겠지만, 나라면 그 기계가 작동하는 방에는 들어가지 않을 것이다.

이는 냉장고 문을 열어둔다고 해도 나중에는 주방 전체의 온도가 올라가고, 에어컨이 지구 온난화를 악화시키는 원인이기도 하다. 세상 일부를 우리의 의지에 따라 변화시키려는 모든 시도는 주로 열의 형태로 다른 곳에 무질서를 일으킨다.

달걀, 냉장고, 에어컨의 예도 흥미롭지만, 블랙홀에서는 훨씬 더 이상한 일이 일어난다.

1970년대에 물리학자들은 엔트로피가 무엇인지, 시간에 따라서 우주 전체의 엔트로피가 어떻게 증가해야 하는지, 엔트로피 증가가 가지는 의미가 무엇인지에 대해서 치열하게 논의했다. 당시에는 그다지 유명하지 않았던 젊은 스티븐 호킹과 더 어린 박사 후 과정 연구생이던 제이컵 베켄슈타인은 블랙홀을 연구하면서 아무것도 빠져나오지 못하는 이 이상한 시공간 쓰레기 처리장이 열역학 제2법칙을 사정없이 깨뜨릴 수 있을지 궁금했다. 예컨대 앞에서 말한 특수한 장치로 스크램블드에그를 날달걀로 바꾼 뒤에 달걀은 주머니에

넣어둔 다음, 엉망진창에다가 온도가 한껏 높아진 실험실 전체를 가장 가까운 블랙홀로 내던지면 어떻게 될까? 스크램블드에그를 날달걀로 되돌린 다음, 그 과정에서 발생한 엔트로피를 모두 없앤다면 우주의 총 엔트로피는 낮아질까? 실제로 블랙홀은 질량과 밀도가 몹시 높아서 밖으로 나가는 광선이 있다면 중력으로 다시 당겨서 특이점으로 향하게 하기 때문에 빛조차 빠져나오지 못하는 곳으로 묘사된다. 빛, 정보, 열을 비롯해서 그 어떤 것도 블랙홀의 사건 지평선을 한 번 넘어선 후에는 막대한 중력으로 인해서 절대로 빠져나오지 못한다. 블랙홀의 사건 지평선에 엔트로피를 숨기면 완전 범죄가 될 수 있을까?

물리학에서 어떤 법칙이 깨질 수 있을지를 놓고 누군가와 내기를 한다면, 열역학 제2법칙에는 판돈을 걸지 않는 편이 낫다. 블랙홀의 엔트로피 문제에 관한 해결책은 우리가 블랙홀에 대해서 안다고 생각했던 모든 것은 바꾸었지만, 엔트로피에 관해서는 그 어떤 것도 바꾸지 못했다. 블랙홀 자체에도 엔트로피가 있기 때문에 엔트로피를 블랙홀에 숨기는 것은 불가능하다. 다시 말해서 블랙홀에도 온도가 있다(열을 내보낸다). 이를 또다시 바꿔 말하면 블랙홀은 전혀 검지 않다.

베켄슈타인과 호킹은 블랙홀에는 열역학 제2법칙에 따른 엔트로피가 있어야 한다고 결론 내렸다. 블랙홀이 무엇인가를 집어삼킬 때마다 엔트로피는 증가해야 하는데, 엔트로피는 블랙홀 자체의 크기, 구체적으로는 사건 지평선이 차지하는 총 표면적과 관련이 있다. 냉장고를 블랙홀로 던지면 냉장고의 질량만큼 블랙홀의 질량이 늘어나므로 지평선의 크기가 커지고 따라서 표면적이 넓어진다.*

온도 없이는 엔트로피가 없다는 사실은 블랙홀이 무엇인가(구체적으로 입자와 복사)를 발산해야 한다는 의미이다. 그리고 블랙홀이 무엇인가를 발산할 수 있는 유일한 곳은 사건 지평선 자체나 바로 그 바깥이다. 사건 지평선 안으로 들어가면 그 무엇도 빠져나올 수 없기 때문이다. 그러므로 사건 지평선 부근에서는 아주 이상한 일이 벌어질 수밖에 없다.

다행히도 물리학에서는 이상한 무엇인가가 필요하다면 양자 영역에 기대면 된다. 호킹은 진공에서 아주 잠깐 나타났다가 사라지는 양의 에너지 입자와 음의 에너지 입자 쌍인 **가상 입자**의 기묘한 양자 현상을 활용했다.** 간략하게 설명하자면, 팝콘과 같은 이 시공간 양자 현상은 모든 곳에서 **항상** 일어나지만, 두 입자가 나타나면 즉시 쌍소멸하여 다시 아무것도 없는 상태로 돌아가므로 대개는 어떤 영향도 미치지 않는다. 하지만 호킹은 블랙홀 주변에서는 음의 에너지 가상 입자만이 사건 지평선을 통과해서 양의 에너지 가상 입자가 남겨져 있다가 실제 입자가 되어 떠돌아다니는 상황이 가능하다고 설명했다. 이처럼 블랙홀이 음의 에너지를 조금 흡수하게 되면 질량이 그만큼 감소하고 같은 크기의 양의 에너지가 사건 지평선으로부

---

* 이는 가시적인 표면이 아니라 블랙홀의 중앙인 특이점에서부터 지평선에 이르는 거리를 일컫는 슈바르츠실트 반지름의 구체 공간이다. 슈바르츠실트 반지름은 블랙홀의 질량과 직접적인 상관관계를 가진다.

** 실제 입자에는 음의 에너지가 없다. 하지만 가상 입자는 실제 입자와 전혀 다른 종류이다. 전자 같은 음전하 입자와 혼동하지 않기를 바란다.

터 발산되는 듯 보인다. 가상 입자는 모든 곳에서 나타나므로 주변 물질을 적극적으로 끌어당기지 않는 블랙홀이라면 이처럼 끊임없는 증발 과정으로 질량이 점차 감소할 수밖에 없다.

복잡하게 들리기는 하지만 이것은 지나치게 전문적인 용어를 되도록 쓰지 않고 기본적인 개념만을 설명한 아주 단순화한 그림으로, 과학자들이 항상 하는 설명 방식이다. 그렇더라도 나는 음의 에너지 입자는 블랙홀을 향해 떨어지는 반면, 양의 에너지 입자는 블랙홀과 멀어질 만큼 에너지를 지닌다는 부분이 영 꺼림칙하다. 호킹은 대중을 위해서 이 같은 이야기를 만들었지만 사람들이 이를 글자 그대로 받아들이는 것은 원하지 않았다. 제대로 설명하려면 파동 함수를 계산하고 파동이 블랙홀 주변에서 경험하는 산란을 산출해야 한다. 하지만 그러려면 엄청난 수학적 지식뿐 아니라 두세 학기 동안 매주 강의를 들어야 얻을 수 있는 고차원의 물리학 지식도 필요하다. 내가 그런 것처럼 여러분도 간략한 설명이 찜찜할 테지만 안심하라. 대중을 위한 유추는 부족한 부분은 많지만, 일반상대성과 양자장 이론을 바탕으로 치밀하게 계산하면 호킹의 주장은 합리적이다.

잠시 옆길로 새면서 했던 이 이야기의 핵심은 열 죽음을 앞두고 점점 비어가는 우주에서는 블랙홀 역시 약간의 복사만 남기고 증발해버린다는 것이다. 이 이야기가 이해에 도움이 되었기를 바란다.

빛을 내보내고, 블랙홀 안에 있는 물체들의 엔트로피를 설명하는 지평선의 능력은 블랙홀의 궁극적인 죽음을 예견할 뿐만 아니라 열 죽음에서도 무척 중요하다. 우리의 관측 가능한 우주 역시 지평선이 있고 우리가 그 안에 있기 때문이다.

최대 엔트로피

우주상수의 지배를 받는 우주는 가차 없이 암흑과 공허로 향한다. 팽창이 가속되면 빈 공간이 늘어나므로 암흑 에너지가 증가하여 또 다시 팽창을 가속하는 고리가 무한히 반복된다. 마침내 항성들이 전부 타고 입자들은 붕괴하고 블랙홀이 모두 증발하면, 빈 공간이 된 우주에는 우주상수만 남아서 기하급수적으로 팽창한다. 이를 드 **지터 공간**(de Sitter space)이라고 부르는데, 드 지터 공간은 우리가 매우 초기의 우주가 인플레이션 동안에 변화했을 것으로 추정하는 방식과 같은 방식으로 변한다. 인플레이션은 결국 멈추었다는 사실만 다르다. 암흑 에너지가 정말 우주상수라면 팽창은 멈출 수 없고 우주는 영원히 기하급수적으로 넓어질 것이다.

그렇다면 계속 팽창하는 우주가 진정한 의미에서 종말을 맞는다고 할 수 있을까? 이에 답하려면 엔트로피와 시간의 화살에 대해서 더 자세히 알아보아야 한다.

항성이 전부 타버리거나 입자가 붕괴하거나 블랙홀이 증발할 때마다 물질은 자유로운 복사가 되어 열의 형태로 우주로 뻗어나간다. 다시 말해서 순수하게 무질서한 에너지가 된다. 무엇인가가 열 복사로 바뀌면 에너지 흐름에 제약이 없어지므로 엔트로피는 최대가 된다. 우주에 빈 곳이 더 많아지면 복사가 희석되므로 총 엔트로피는 온도처럼 내려갈 것이라고 생각하기 쉽다. 하지만 그렇지 않다.

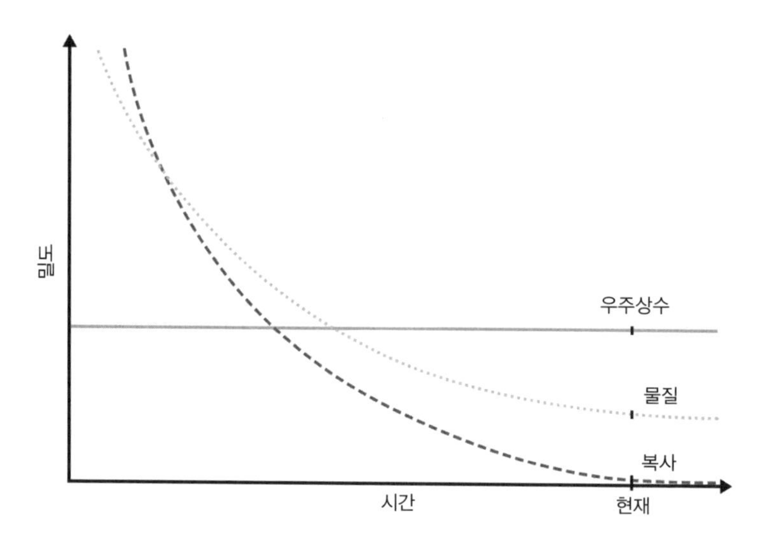

그림 13 시간의 흐름에 따른 물질, 복사, 우주상수의 밀도 변화 암흑 에너지(우주상수 형태)의 밀도는 우주가 팽창하면서 다른 모든 것이 희석되더라도 변하지 않으므로 우주의 에너지 밀도 중 대부분을 차지하게 된다. 오늘날 암흑 에너지는 우주 공간의 약 70퍼센트에 이르고 물질은 약 30퍼센트, 복사는 아주 작은 부분만을 차지한다.

이는 다음과 같이 설명할 수 있다. 우주가 계속 기하급수적으로 팽창하는 상태에 이르게 되면, (우리가 어디에 있든) 영원히 숨어버리는 우주와 그렇지 않은 우주의 경계를 이루는 반지름을 측정할 수 있다. 반지름 너머의 그 무엇도 우리에게 닿을 수 없으므로 이는 진정한 의미의 지평선이다. 이 지평선은 블랙홀 지평선처럼 엔트로피를 가지므로 온도도 지닌다. 차이점은 열이 블랙홀에서처럼 밖으로 분출되는 것이 아니라 안으로 들어간다는 것이다. 이 온도는 절대 영도보다 불과 10^{-40}도 정도 높은 아주 낮은 온도이지만, 다른 모든 것이 붕괴할 때에도 이 같은 열복사는 그대로 남아 우주의 총 엔트로피가 된다. 이처럼 순수한 드 지터 상태에 이른 우주는 **최대 엔트로피 우주**이다. 이 시기부터 우주의 총 엔트로피는 증가할 수 없다. 따라서 말 그대로 시간의 화살이……사라진다.

여기에서 다시 한번 강조하자면, 시간의 화살과 열역학 제2법칙은 우주의 작동 방식에서 진정 핵심적인 부분이기 때문에 엔트로피가 상승할 방법이 없다면 **아무 일도 일어날 수 없다**. 규칙적인 구조물은 더 이상 존재할 수 없고, 진화는 진행될 수 없으며, 유의미한 어떤 과정도 일어날 수 없다. 무엇인가가 일어나려면 에너지가 한 곳에서 다른 곳으로 이동해야 한다. 엔트로피가 상승할 수 없다면, 한 곳에서 다른 곳으로 흐른 에너지는 곧장 제자리로 돌아가므로 우연으로 일어났을 모든 사건은 없었던 일이 된다. 에너지 기울기는 생명뿐 아니라 활동을 하는 모든 구조물과 장치의 토대이다. 그저 하나의 거대한 열탕인(실제로는 아주 차갑다) 우주에서는 에너지 기울기가 존재할 수 없다. 열은 무의미해진다. 열은 죽음이다.

몇 가지 주의 사항을 알려야 할 듯하다.

분명히 밝히자면 여기에서 주의해야 할 사항은 "사실 엄밀히 말해서 미세한 차이가 있다" 정도가 아니라 "이런. 그러면 전부 달라지잖아" 정도이다.

이번에 이야기할 이상함은 **통계 역학**(statistical mechanics)이라는 물리학 분야에 속한다. 통계 역학은 예컨대 입자로 이루어진 계(系)에서 각 입자의 방향과 상관없이 움직임의 양만을 나타내는 온도 같은 개념을 이야기할 때에 유용하다. 거대하고 복잡한 계를 엔트로피라는 하나의 중요한 성질로 설명하는 통계 역학이야말로 열역학 제2법칙이 빛을 발하는 분야이다. 하지만 일종의 "예외"도 있다. 이는 엔트로피는 항상 증가한다는 우주의 법칙이 과연 항상 통하는지에 관한 것이다. 엄밀히 말해서 통계 역학은 충분히 큰 척도에서만 작용한다. 양자 척도뿐만 아니라 그보다 조금 큰 척도에서도 오랜 시간을 기다리면 예측하기 힘든 요동이 일어나서 이따금 계 일부의 엔트로피를 무작위로 낮춘다. 계가 클수록 요동의 영향력은 줄어들지만, 계속 팽창하기만 하고 우주상수만 존재하는 우주는 시간이 매우 많고 공간은 광활하므로 극도로 확률이 낮은 사건들도 언제 어디에선가 일어나기 마련이다. 『은하수를 여행하는 히치하이커를 위한 안내서(*The Hitchhiker's Guide to the Galaxy*)』에서처럼 말 그대로 아무것도 없는 공간에서 고래와 피튜니아 화분이 느닷없이 나타날 확률은 낮지만, 원칙적으로는 오랫동안 기다리면 나타날 수도 있다.

이는 무척 유용한 현상일 수 있다. 열 죽음 이후 무엇이라도 갑자기 나타날 수 있다면, 또다른 우주라고 해서 생기지 않을 이유는 없지 않은가?

이것은 생각만큼 터무니없는 이야기는 아니다. 통계 역학의 한 가지 원칙은 입자로 이루어진 계는 충분히 오랜 시간이 흐르면 어떤 배열이라도 다시 나타날 수 있다는 것이다. 상자 안에서 기체 분자들이 무작위로 움직인다고 생각해보자. 상자 안을 사진으로 찍은 다음 분자들의 위치를 모두 표시한다. 그리고 아주 오랫동안 관찰하면 어느 순간 분자의 배열이 사진과 같아진다. 확률이 낮은 배열일수록 시간은 더 오래 걸린다. 예를 들면 모든 입자가 상자의 오른쪽 아래 한구석에 모여 있는 배열은 똑같은 배열이 나오기까지 훨씬 더 오래 걸린다. 하지만 원칙적으로는 시간문제일 뿐이다. 이를 **푸앵카레 재귀 정리**(Poincaré recurrence theorem)라고 한다. 무한한 시간을 기다릴 수 있다면, 계의 어떤 상태라도 무한 번 다시 나타날 것이며 다시 나타나는 간격은 계의 구성요소들이 이루는 배열이 얼마나 독특한지에 따라서 결정된다. 물리학자 앤서니 아기레, 션 캐럴, 매슈 존슨은 피아노를 예로 들면서 우주 나이의 1조의 1조 배를 기다린다면 텅 빈 상자에서 온전한 피아노가 스스로 조립되는 모습을 볼 수 있을 것이라는 무척 흥미로운 주장을 했다.

열 죽음 이후 통계 역학으로 인해서 무작위 요동이 영향력을 발휘하기 시작하는 우주는 그 자체로 아주 조금의 온도를 지닌 커다란 상자가 된다. 우주가 한때 빅뱅 상태였고 열 죽음 후에 영원히 존재한다면(영원하여 시간의 화살이 사라졌으므로 과거와 미래가 무의미해졌다), 진공에서 요동이 일어나 빅뱅이 다시 출현하여 우주가 새로 시작되지 못하리라는 법은 없다.

잠깐. 상황은 점점 더 이상해진다. 게다가 점차 우리의 삶과도 관련된다.

우주가 속했던 **모든** 상태가 무작위 요동으로 다시 나타날 수 있다면, **지금 바로 이 순간** 역시 모든 것이 있는 그대로 다시 나타날 것이다. 다시 나타나는 정도가 아니라 **무한한** 수로 나타난다.

이 같은 확률에 흥미를 느낀 우주론자 안드레아스 알브레히트는 자신이 **드 지터 평형**이라고 이름 붙인 상태에 관해서 여러 편의 논문을 발표했다. 드 지터 공간의 평형 상태에 관한 기본적인 개념은 우리 우주와 그 안에서 일어나는 모든 것의 기원이 우주상수만이 존재하는 영원히 팽창하는 우주의 무작위적인 요동의 결과라는 것이다. 우주는 이따금 열탕에서 빠져나와 엔트로피가 낮은 시작 상태로 돌아간 다음 진화하다가(엔트로피 증가) 열 죽음에 이른 후에 다시 드 지터 우주 상태로 퇴화한다. 그리고 때로 요동은 빅뱅이 아닌 지난 화요일을 재연하기도 한다. 당신이 식탁 다리에 발이 걸리는 바람에 바닥에 커피를 모조리 쏟은 그때 말이다. 당신의 삶의 다른 모든 순간도 마찬가지이다. 모든 사람의 삶도 그러하다.

당신이 이 이야기를 듣고 왠지 모르게 디스토피아가 떠오른다면, 이것이 프리드리히 니체가 19세기 말에 처음 제안한 악몽에 관한 사고 실험과 비슷하기 때문일지 모른다. 그는 『즐거운 지식(*Die fröhliche Wissenschaft*)』에서 다음과 같이 말했다.

> 어느 낮이나 밤에 악마가 그 어느 때보다도 외로운 당신 앞에 슬며시 나타나 다음과 같이 말하면 어떻겠는가. "너는 지금 네가 살고 있고 살아온 삶을 또 한 번 그리고 무한한 수만큼 다시 살게 된다. 그리고 그 삶에는 새로운 어떤 것도 없고 모든 고통, 모든 기쁨, 모든 생각과 한숨, 크든 작든 네 인생에 일어난 모든 일이 똑같은 순서와 배열로 다시 일어날 것이다. 여기에 있는 거미와 나무 사이로 새어나오는 달빛, 심지어 지금 이 순간과 나 자신도 다시 등장한다. 존재의 영원한 모래시계는 먼지 한 톨에 불과한 너와 함께 계속 뒤집힐 것이다!"

당신은 주저앉아 이를 갈며 위와 같이 이야기하는 악마에게 욕을 퍼붓지 않을 수 있는가? 아니면 환희의 순간을 경험했었기 때문에 다음과 같이 대답할 것인가. "당신은 신입니다. 그처럼 신성한 말은 이제껏 들어본 적이 없습니다." 이 같은 생각이 당신을 사로잡았다면, 이것이 지금의 당신을 변화시키거나 짓누를 것이다. 어떤 일을 하든 "또 한 번 그리고 무한한 수만큼 이 삶을 원하는가?"라는 질문은 당신의 행동들에 가장 큰 짐이 될 것이다. 아니면 당신은 자기 자신에게나 삶에 대해서 이처럼 궁극적으로 영원한 인정이자 승인보다 더 이상 열망하는 것이 없는가?

어려운 글이다.

니체의 제안은 열역학과 아무런 관련이 없으며 인간의 삶이 가지는 의미, 목적, 경험에 관한 고찰일 뿐이다. 그는 자신의 시나리오가 드 지터 평형 가설에서처럼 말 그대로 물리적인 진실일 수 있다는 사실은 상상도 하지 못했을 것이다.

당신은 두 시나리오가 완전히 같지는 않다고 반박할지도 모른다. 당신이 식탁 다리에 발이 걸리는 상황을 재연하는 양자 요동은 당신의 아주 작은 면까지도 똑같이 만들겠지만, 존재로서의 당신은 이미 오래 전에 죽었다. 하지만 이는 당신이 된다는 것이 어떤 의미인지에 관한 질문들로 이어진다. 원자가 정확히 같은 구성으로 배열되면 당신이 되는가 아니면 의식에 관한 모든 조각들을 다시 맞추더라도 결코 실현할 수 없고 설명 불가능한 고유의 무엇인가가 있는가? 공상과학 팬들은 순간 이동에 대한 이런 문제들을 놓고 열띤 논쟁을 벌인다. 「스타트렉」의 커크 함장이 순간 이동 장치에 발을 들일 때마다 잔인한 죽음을 맞은 뒤 그저 커크 함장처럼 보이는 복제물로 대체되는 것인가? 이 책에서는 답하기 힘든 질문이다.

그러나 이는 양자 요동에 의한 재탄생 시나리오에 또다른 미묘함을 덧붙인다. 이는 향유고래와 피튜니아 화분만큼이나 순간 이동과도 관련이 깊으며 일종의 양자역학 유아론(唯我論)으로 요약할 수 있다. 바로 볼츠만 두뇌로 불리는 문제이다.

볼츠만 두뇌는 우주 전체가 양자역학적 요동에 의해서 진공에서 출현할 수 있다면, 은하는 우주보다 덜 복잡하고 갑자기 탄생하는 데에 필요한 물질이 적으므로 은하가 진공에서 출현할 가능성이 훨씬 더 크다는 개념이다. 하나의 은하가 어느 순간에 나타날 가능성이 우주보다 크다면, 하나의 항성계나 하나의 행성이 나타날 가능성은 더 클 것이다. 그렇다면 자신이 완전하게 기능하는 세상에서 커피숍에 앉아 우주의 종말에 관한 책의 네 번째 장을 타이핑하고 있다고 상상하는 온갖 기억을 지닌 인간의 뇌야말로 아무것도 없는 상태에서 요동으로 느닷없이 나타날 가능성이 더더욱 크다.

볼츠만 두뇌 문제의 주장에 따르면, 태어나자마자 양자 요동으로 다시 무로 돌아갈 운명인 이 불쌍한 뇌는 우주 전체보다 갑자기 나타날 확률이 훨씬 높으므로, 우리는 우리 우주가 무작위적인 요동으로 탄생했다고 믿고 싶겠지만 사실은 우주 전체가 그저 우리의 상상일 공산이 크다는 사실을 인정해야 한다.

이 문제는 아직 합의에 이르지 못했다. 안드레아스 알브레히트는 이 같은 맥락의 볼츠만 두뇌 문제를 처음 제안한 사람들 중 한 명이지만, 이제 그는 드 지터 우주가 곧 사라질 보잘것없는 존재를 만들기보다는 빅뱅처럼 엔트로피가 매우 낮은 상태를 만들어낼 가능성이 더 크다고 생각한다. 알브레히트의 주장을 요약하자면, 엔트로피가 낮은 상태를 만드는 데에는 양자 요동 에너지가 많이 드는 것처럼 보이지만 실제로는 계의 총 에너지 중 극히 일부만 필요하다. 이에 동의하지 않는 많은 우주론자들은 엔트로피가 아주 낮은 상태를 만드는 것보다는 상대적으로 엔트로피가 높은 상태로 요동하는 것이 쉽다고 말한다. 이 질문에 대한 답을 구한다면, 우리는 우주 전체의 기원에 관한 하나의 시나리오를 이해하게 될 뿐만 아니라 우리 인생의 가장 끔찍했던 순간이 무한히 반복될지도 모른다는 운명에 관한 걱정을 덜게 될 수도 있다.

몇몇 우주론자들은 초기 우주의 낮은 엔트로피 상태를 어떻게 이해할지 그리고 우리가 볼츠만 두뇌나 푸앵카레 재귀 정리를 걱정해야 할지 말지를 결정하는 것은 우주 모형의 근본을 뒤흔드는 문제라고 말한다. 엔트로피가 낮은 우주의 초기 상태를 설명하려는 노력은 아직 갈 길이 멀지만, 우주의 역사에 관한 완전히 새로운 가설들로 이어졌다(제7장에서 자세히 이야기할 것이다). 션 캐럴은 우리의 합리적인 우주 그림을 엉망으로 만드는 이 같은 요동의 가능성을 "인지적으로 불안정하다"고 설명한다. 이는 요동이 진실일 수 없다는 이야기가 아니라 진실일 경우 그 무엇도 합리적이지 않으므로 우주를 이해하려는 시도 자체를 포기해야 할지도 모른다는 뜻이다. 과학자들은 이에 관해서 아직 결론을 내리지 못했다.

만약 몸과 분리된 의식적 두뇌가 갑자기 존재하게 되거나 사라질 가능성이 그다지 거슬리지 않는다면, 이는 당신이 독특한 무작위적 요동이 일어나서 열 죽음의 허무주의적 무질서로부터 어떤 질서를 끌어낼 수 있을지도 모른다고 생각해서일 것이다. 하지만 이처럼 무척 낙관적인 관점에서도 우주상수가 지배하는 우주는 일관적인 구조를 가진 모든 구조가 어둠, 고립, 붕괴의 운명을 맞으므로 살아 있는 모든 것은 사라진다. 암흑 에너지가 발견되기 전에 프리먼 다이슨 같은 물리학자들은 기능이 일정하게 느려지는 장치는 알 수 없는 긴 시간 동안 우주의 미래를 함께할 수 있을 것이라고 추측했다.* 그러나 이 같은 이상적인 장치도 열역학 제2법칙에 따라 엔트로피 변화가 불가피하여 드 지터 지평선 앞에서는 결국 열로 분해될 것이다. 진정한 영원무궁의 열 죽음인 최대 엔트로피에 이르는 시간 척도는 여전히 불확실한 양성자 붕괴 시간에 달려 있다. 그렇더라도 우리 그리고 사고하는 다른 모든 존재가 그 누구의 기억에서도 사라지기 전까지는 최소한 10^{1000}년의 시간은 남아 있을 것이다.

아니면 더 끔찍한 상황이 찾아올 수도 있다.

안정적이고 일정하며 예측 가능한 우주상수가 암흑 에너지라면 이는 가장 낙관적인 시나리오이다. 하지만 다른 여러 가능성을 배제할 수는 없다. 그중 하나인 유령 암흑 에너지 시나리오에서는 훨씬 극적이고 친숙하며 어떤 측면에서는 더욱 궁극적인 종말, 빅 립(Big Rib)이 일어난다.

---

* "다이슨 구(Dyson sphere)"라는 공상과학 개념을 만든 그 다이슨이다. 다이슨은 진보한 외계 문명은 항성 주변에 거대한 원형 구조물을 건설해서 항성의 복사를 100퍼센트 활용할 것이라고 주장했다. 외계인들이 쓰고 남은 적외선 형태의 열을 탐지하려는 시도는 아직 결실을 보지 못했다.

제5장

빅 립

난 물이 아주 빠르게 흐르는 어딘가 있을 강이 줄곧 생각나. 물속에서
두 사람이 있는 힘껏 서로를 붙잡고 있지만 역부족이야.
물살이 너무 거센 거지. 결국 서로 놓쳐 멀어져. 그게 우리야.
—가즈오 이시구로, 『나를 보내지 마(*Never Let Me Go*)』

우주에 관한 가장 중요한 현상이라고 할 수 있는 암흑 에너지는 연구하기가 놀라우리만큼 힘들다. 이제까지 밝혀진 바에 따르면, 우주 공간 전체에 균일하게 엮여 있어서 모든 곳에 존재하는 암흑 에너지의 유일한 역할은 공간을 아주 서서히 늘리는 것뿐이어서 먼 은하 사이의 광활한 공간보다 작은 척도에서는 탐지 가능한 영향을 전혀 일으키지 않는다. 암흑 물질은 암흑 에너지보다 연구하기가 훨씬 더 수월하다. 암흑 물질도 눈에 보이지는 않지만 우리가 이제까지 관측한 사실상의 모든 은하나 은하단 주변에 존재하면서 중력장을 장악하여 빛을 굴절시켜 아주 초기부터의 우주 역사를 왜곡하기 때문이다. 한편 암흑 에너지는 그저……확장한다.

그렇다고 해서 암흑 에너지를 전혀 연구할 수 없는 것은 아니다. 암흑 에너지에 관해서 알아낼 방법은 두 가지이다. 그중 하나는 우

주의 팽창 역사이고, 다른 하나는 시간의 흐름에 따른 은하와 은하단의 진화 방식이다. 이 두 방법으로 거리와 과거를 측정하여 시간에 따른 우주의 진화를 거꾸로 추적할 수 있다. 하지만 우리가 무엇을 관찰하건 무엇인가를 알아내려면, 희미한 신호를 탐지해야 하고 통계의 미묘한 변화를 분석해서 아주 미세한 변화들을 연구해야 한다.

분명 어려운 연구가 되겠지만 노력할 만한 가치는 있다. 암흑 에너지는 우주에서 가장 많은 구성요소이며 인류의 현재 지식을 뛰어넘는 새로운 물리학의 분명한 신호이기 때문이다.

그러나 암흑 에너지의 정체가 무엇인지에 따라서 어느 누구도 상상하지 못한 가까운 미래에 우주가 필연적으로 무참히 파괴될지도 모른다. 서서히 진행되는 열 죽음이 다가오기 전에 급작스럽고 극적인 암흑 에너지의 종말인 "빅 립"이 먼저 일어나지 않을까? 빅 립은 그저 탈출구가 없는 거대한 파괴에 불과한 것이 아니다. 양자역학적 요동이 일어나든 일어나지 않든 빅 립이 실재라는 그물망을 찢으면, 우주의 사고하는 모든 생명체는 주변의 공간이 열리는 광경을 무기력하게 바라만 보게 될 것이다.

이 끔찍한 가능성은 터무니없는 소리가 결코 아니다. 도저히 무시할 수 없는 가장 설득력 있는 우주 데이터는 빅 립의 가능성을 배제하기는커녕 여러 가지 측면에서 뒷받침한다. 그러므로 빅 립이 우리에게 정확히 어떤 일을 일으킬지에 대해서 잠시 이야기해보는 것이 좋을 듯하다.

일정하지 않은 우주상수

많은 사람들이 암흑 에너지라고 생각하는 우주상수는 확장하려는 내재적 성질을 우주에 부여하여 공간을 늘리며 팽창을 가속한다. 거시 척도에서 이는 비교적 훌륭한 설명이다. 하지만 은하나 항성계 내부 그리고 조직적인 물질 주변에서는 우주상수가 어떤 영향도 발휘하지 못한다. 우주상수를 좀더 정확히 묘사하자면 고립의 힘이라고 할 수 있다. 두 은하의 거리가 이미 충분히 멀면 둘은 더욱 멀어진다. 따라서 시간이 흐를수록 은하, 은하단, 은하군은 더욱 고립된다. 우주상수가 존재한다면 은하, 은하단, 은하군이 형성되는 속도도 느려진다. 우주상수가 할 수 없는 것은 이미 일정한 구조를 갖춘 물체를 무너뜨리는 일이다. 성서의 한 구절을 응용하자면, 중력이 짝지어준 것을 우주상수가 나누지는 못할지니.

우주상수가 이처럼 작은 은혜를 베푸는 이유는(결국에는 온 우주를 파괴할 테지만) 상수가 지니는 "일정함"에서 찾을 수 있다. 암흑 에너지가 우주상수라면, 이것의 가장 큰 특징은 우주의 어느 공간에서든 팽창과 상관없이 암흑 에너지의 밀도가 일정해야 한다는 것이다. 우주의 팽창 속도는 일정하지 않으며 공간마다 물질의 밀도도 다르다. 만약 모든 공간마다 일정한 양의 암흑 에너지가 저절로 부여된다면 암흑 에너지는 일정할 수 있을 것이다. 하지만 그렇다면 팽창으로 인해서 공간이 확장될수록 암흑 에너지의 양도 점차 늘어나야 밀도를 일정하게 유지할 수 있다는 이야기가 되므로 몹시 이상한 일이 아닐 수 없다. 게다가 우주의 어느 한 곳에 특정한 크기로

원을 그린 후에 그 원 안에 있는 암흑 에너지를 측정한 다음 미래의 어느 시점에 같은 곳에서 같은 크기의 원을 그려 다시 측정하면, 그 동안 바깥의 우주가 얼마나 팽창했는지와 상관없이 암흑 에너지의 양은 항상 같아야 한다는 의미이다. 처음 그린 원에 은하단 하나와 특정량의 암흑 에너지가 있었다면, 10억 년 후 암흑 에너지에는 여전히 변화가 없을 것이다. 10억 년 전에 암흑 에너지가 은하단을 파괴할 만큼 많지 않았다면 10억 년 후에도 마찬가지일 것이다. 원 안에서 물질과 암흑 에너지가 이루는 균형은 나머지 우주가 아주 빠르게 비어가더라도 크게 달라지지 않는다.

그렇다면 안심할 수 있다. 우주에서 어떤 물질 덩어리가 중력을 이용하여 안정적인 은하로 성장하려고 하고, 이 과정에서 충분히 많은 물질이 모이면 암흑 에너지는 이를 파괴할 수 없기 때문이다.

그러나 암흑 에너지가 우주상수보다 강력한 다른 무엇인가라면 이야기는 달라진다.

앞 장에서 언급했듯이, 우주상수는 암흑 에너지에 관한 하나의 가능성에 불과하다. 암흑 에너지에 관해서 우리가 실제로 아는 것은 이것이 우주의 팽창 속도를 높인다는 사실뿐이다. 좀더 정확히 말하면 이것은 **음압력**(negative pressure)을 가진다. 사람들 대부분은 압력이라고 하면 바깥으로 밀어내려는 힘을 떠올리므로 음압력 개념을 이해하기가 힘들다. 하지만 우주에 관한 아인슈타인의 일반상대론적 사고방식에서는 압력이 질량이나 복사와 같은 일종의 에너지이므로 중력의 인력이 작용한다. 그리고 일반상대성에서 중력의 인력은 공간 휘어짐의 결과일 뿐이다.

물질이 공간의 휘어짐에 미치는 영향을 설명하기 위해서 앞에서 비유로 든 트램펄린과 볼링공을 기억하는가? 일반상대성에 따르면 공의 질량이 클수록 공으로 인해서 움푹 들어간 곳은 더 깊어지지만, 온도나 내부 압력이 상승해도 마찬가지이다. 그러므로 다른 여러 형태의 에너지처럼 압력 역시 질량과 무척 비슷하게 행동한다. 중력의 관점에서 보면 압력은 끌어당기는 힘이다. 예를 들면 어떤 기체 덩어리의 중력 효과를 계산하려면 질량뿐 아니라 압력도 고려해야 하는데, 두 가지 모두 기체가 주변 물질에 미치는 중력 영향을 변화시키기 때문이다. 사실 압력은 질량보다 시공간 휘어짐에 더 큰 영향을 미친다.

무엇인가가 음의 압력을 지녔다는 것은 무슨 의미일까? 어떤 기묘한 물질의 압력이 음의 값이라면, 최소한 시공간 휘어짐에 대한 영향에 관해서는 물질의 질량을 사실상 **상쇄할** 수 있다는 의미이다. 우주상수 형태인 암흑 에너지의 압력과 밀도를 적절한 단위로 적는다면, 압력은 정확히 밀도의 마이너스 값이 된다.

과학자들은 어떤 물질의 밀도와 압력의 관계를 이야기할 때, "w"로 표시하는 **상태 방정식**(equation of state) 매개변수를 활용한다. 압력과 에너지 밀도를 서로 합리적으로 비교할 수 있는 단위로 표시한 다음, 압력을 에너지 밀도로 나눈 값이 w이다. 여기에서 우리의 관심인 암흑 에너지의 상태 방정식은 긴 시간이 지나면 우주 전체의 상태 방정식이 된다. 팽창하는 우주에서는 다른 모든 것은 희석되고 암흑 에너지만 중요해지기 때문이다. 측정한 값이 정확히 $w=-1$이라면 압력과 밀도가 정확히 반대라는 의미이므로 암흑 에너지는 우주상수가 된다. 우주상수에서 에너지 밀도는 언제나 양의 값이므로, 얼핏 보기에는 이것이 물질처럼 행동해서 중력을 높여 우주의 팽창 속도를 늦출 것만 같다. 하지만 방정식에서 무게가 무거워지면 음압력이 주어지기 때문에 결국 우주상수는 우주의 팽창 속도를 높인다.

최소한 이는 예측 가능한 방식으로 이루어진다. w=−1인 우주상수는 우주가 팽창하는 동안 총 에너지 밀도가 전혀 증가하거나 감소하지 않고 언제나 일정하다. 한편 w 값이 다른 암흑 에너지는 그렇지 않다. 그러므로 우리가 여기에서 다루는 대상의 정체를 밝히는 일은 무척 중요하다.

암흑 에너지가 발견되고 처음 몇 년 동안 **무엇인가**가 우주의 팽창 속도를 높이고 있다는 사실이 분명해졌으며, 그 무엇인가는 음압력이어야 했다. w가 −1/3보다 작아야 음압력이 발생하여 팽창이 가속된다. 그러나 w 값을 알아야 암흑 에너지가 진정한 우주상수인지(w가 항상 −1), 아니면 우주에 미치는 영향이 시간에 따라 변하는 역동적인 에너지인지를 알 수 있다. 따라서 천문학자들은 정확한 w 값을 알아낼 방법을 찾기 시작했다. 암흑 에너지가 우주상수가 아니라고 밝혀지면, 인류는 우주에서 작용할 새로운 물리학을 발견하게 될 뿐만 아니라 그러한 새 물리학은 아인슈타인조차 예상하지 못한 어떤 것이 될 참이었다.*

그 몇 년 동안, 가장 중요한 일은 w를 측정하여 암흑 에너지에 어

---

* 아인슈타인의 설명에서 무엇인가가 틀리게 된다.

떤 일이 벌어지는지를 알아내는 것이었다. 계속 측정이 이어졌고, 논문이 연달아 나왔으며, 데이터와 w 값이 일치하는 도표들이 발표되었다. 암흑 에너지가 우주상수라는 주장은 곧 승리할 듯했다.

그러나 1990년대 말과 2000년대 초에 몇몇 우주론자들이 이 계산에서 고려된 중요한 가정이 충분히 논의되지 않았음을 지적했다. 그 가정은 완벽하게 합리적이어서 그것을 반박한다면, 누구도 뒤집기를 원하지 않는 매우 근본적이고 오랫동안 유지되어온 이론물리학의 원칙들이 무너지게 된다. 하지만 이 같은 원칙들은 데이터에 따라 만들어진 것이 아니었으며, 과학자들이 결국 최우선으로 따라야 하는 것은 데이터이다. 우주의 운명을 다시 써야 한다고 해도 마찬가지이다.

지도의 가장자리 밖

물리학자 로버트 콜드웰과 그의 동료들이 던진 질문은 단순했다. w가 –1보다 작다면 어떻게 될까? −1.5면? −2면? 그렇게 작은 숫자는 확률이 너무 낮아 고려할 필요가 없다고 간주되었다. w에 관한 논문들이 데이터를 근거로 그린 도표 대부분은 "허용" 범위가 –1에서 느닷없이 끊겼다. 그래프의 축은 –1에서 0이나 –1에서 0.5였지만, −1은 단단한 장벽과 같았다. 사람의 신장 예상치를 그린 그래프에서 0이 단단한 벽을 이루는 것과 같았다.

그러나 콜드웰은 이 문제를 분석하다가 w에 관한 모든 관측치가 –1이거나 –1에 매우 근접한 값을 향한다는 사실을 발견했다. 이는

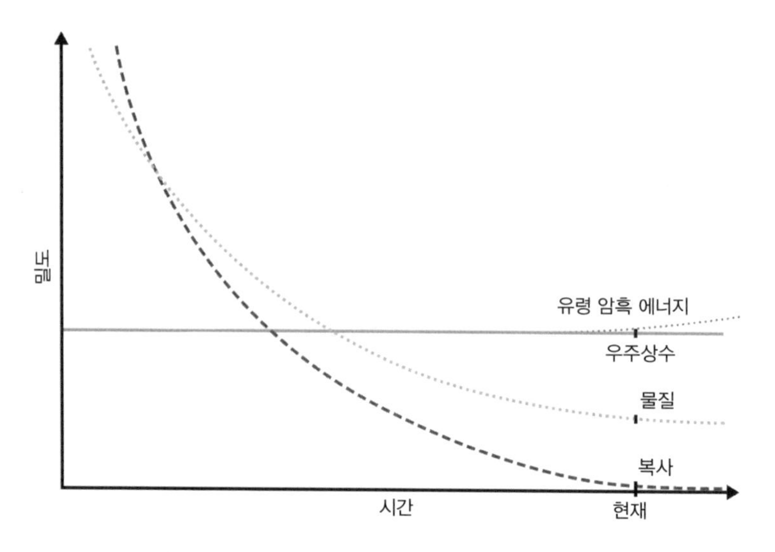

그림 14 우주상수의 형태와 유령 암흑 에너지 형태의 암흑 에너지를 물질 및 복사와 비교한 도표 우주상수는 우주가 팽창하더라도 밀도가 일정하지만 유령 암흑 에너지는 밀도가 증가한다.

누군가가 확인해본다면 데이터가 허용하는 수치에는 –1보다 낮은 값이 있을지도 모른다는 뜻이었다. 콜드웰은 w가 –1보다 낮고 앞에서 말한 "중요한 이론 원칙들", 특히 에너지는 빛보다 빠르게 흐를 수 없다는 "지배적인 에너지 조건"에 매우 어긋나는 가상의 암흑 에너지를 "유령 암흑 에너지"라고 불렀다.* 이는 우주에 부여하기에 완벽하게 합리적인 조건처럼 보이기는 하지만, 빛(또는 어떤 종류의

* 콜드웰은 1999년에 이 같은 생각을 처음 제안한 논문에서 "유령"이라는 용어에 관해 다음과 같이 설명했다. "유령은 시각이나 다른 감각으로 분명하게 알 수 있지만 구체적인 형체를 지닌 존재가 아니다. 이는 비정통적인 물리학으로밖에 설명할 수 없는 에너지 형태를 묘사하기에 적합한 표현이다."

물질이든)은 궁극적으로 속도에 한계가 있다는 일반적인 상식과 미묘하게 다른 부분이 있으므로, 아직은 매우 훌륭한 아이디어일 뿐 입증된 물리학 원칙은 아니다. 어쩌면 여기에 유연성의 여지가 있지는 않을까?

콜드웰과 그의 동료들은 w의 가능한 값을 전부 아우르는 범위를 바탕으로 w의 한계를 계산했다. 그들은 –1보다 작은 값들도 데이터에 완벽하게 부합한다는 사실을 밝혔다. 뿐만 아니라 간단한 공식으로 계산하면 w가 –1보다 아주 조금만 작아도 암흑 에너지가 우주 전체를 추산 가능한 유한한 시간 내에 갈기갈기 찢을 것이라는 사실도 알아냈다.

여기서 잠시 멈추고 알려야 할 사실이 있다. "유령 에너지 : w < −1인 암흑 에너지에 의한 우주의 최후"라는 제목의 이 논문이 내가 가장 좋아하는 물리학 논문들 중의 한 편이라는 점이다. 현재 관점에서는 별것 아닌 듯이 보였던 작은 변화를 일으켜 매개변수를 조금 낮게 수정했더니 **우주 전체가 파괴되는** 것이다. 게다가 이 논문은 우주가 어떻게 파괴될지, 언제 파괴될 것인지, 그 모습은 어떠할지를 정확하게 계산할 수 있는 방법도 제시한다.

어떻게 된 일인지 이야기해보자.

빅 립

빅 립은 매듭을 푸는 것에 비유할 수 있다.

매듭을 풀려면 맨 먼저 가장 크고 성긴 마디를 공략해야 한다. 거대하지만 은하의 수가 수백 개에서 수천 개에 불과한 은하단에서 은하들은 이제껏 유유히 돌던 궤도가 점차 길어진다는 사실을 깨닫는다. 그러다가 수백만 년에서 수십억 년 동안 횡단하던 드넓은 공간이 더 넓어지면서 은하단 가장자리에 있던 은하들은 서서히 더 커져가는 우주 공동(空洞)으로 빠져나간다. 얼마 지나지 않아 밀도가 가장 높은 은하단들에서도 은하들이 빠르게 흩어지고 더 이상 은하단 가운데에서 작용하던 인력을 느끼지 못하게 된다.

우리 은하의 관점에서 보면 은하단의 상실은 빅 립이 진행 중이라는 첫 불길한 징조이다. 그러나 빛의 유한한 속도 때문에 우리는 그 영향을 느끼기 직전까지 알아차리지 못한다. 우리와 이웃한 처녀자리 은하단이 소멸되기 시작하면, 우리 은하로부터 멀어지는 속도는 이전까지는 무척 느렸지만 점차 빨라지기 시작한다. 하지만 우리 은하가 받는 영향은 미미하다. 그러나 다음 단계가 되면 그렇지 않다.

인류는 우리 은하에 존재하는 수십억 개의 항성들의 위치와 움직임을 측정할 수 있는 천문 측량 기술을 이미 갖추고 있다.* 빅 립이 다가오면 은하의 가장자리에 있는 항성들이 예측된 궤도를 도는 대신에 파티가 끝날 무렵 연회장을 떠나는 손님들처럼 은하단을 이탈할 것이다. 그리고 얼마 지나지 않아 하늘을 가르는 거대한 은하수의 빛이 약해지면서 우리의 밤하늘은 어두워지기 시작할 것이다. 은하가 증발하는 것이다.

---

* 최신 측정장치인 가이아는 우리 은하에 존재하는 항성들의 지도를 매우 정확하게 그리며 이미 우주의 역사에 관한 놀라운 통찰을 선사하고 있다. 가이아가 우리의 운명에 관해서 무엇을 말해줄지는 좀더 지켜봐야 한다.

이때부터 파괴는 본격적으로 속도를 내기 시작한다. 행성들은 자신들이 있어야 할 궤도를 이탈한 뒤에 서서히 바깥을 향해 나선을 그린다. 외행성들이 점차 확장하는 거대한 암흑으로 사라지고, 지구 역시 우리 은하의 마지막을 몇 달 앞두고 태양으로부터 멀어지고 달도 지구에서 멀어진다. 우리 역시 외로이 암흑으로 들어간다.

이 같은 고독한 고요함은 오래가지 못한다.

이 시점에서도 무사하던 구조물들은 내부 공간이 팽창하며 밀어내는 압력에 시달린다. 지구의 대기는 위에서부터 점차 희박해진다. 중력이 변화하면서 지구 내부에서는 격렬한 조구조 운동(tectonic motion)이 일어난다. 몇 시간 지나지 않아 지구는 더 이상 견디지 못하고 폭발하고 만다.

원칙적으로는 지구가 파괴되더라도 인류는 살아남을 수 있다. 빅립의 징후들을 미리 알아내서 작은 캡슐을 타고 우주로 대피하면 된다.* 하지만 어디까지나 잠깐의 유예일 뿐이다. 당신을 구성하는 원자와 분자들을 한군데로 뭉치게 하는 전자기력 역시 모든 물질 안에서 그 어느 때보다 빠르게 팽창하는 공간에 대항하지 못한다. 마지막 찰나의 순간에 분자들이 쪼개지면서 사고하는 모든 존재는 원자 단위로 부서진다.

이 시기가 지나면 그 누구도 볼 수 없지만, 어쨌든 파괴는 계속된다. 원자 가운데에 있는 매우 조밀한 물질인 원자핵이 다음 타깃이다. 그리고는 블랙홀의 중심에 있는 밀도가 불가능하리만큼 높은

---

* 공간 자체가 위험에 빠진 거라면 최소한의 공간만 차지하는 편이 낫다.

지금부터 남은 시간	사건
≳ 1,880억 년	빅 립
빅 립 전에 남은 시간	
20억 년	은하단 소멸
1억4,000만 년	우리 은하 파괴
7개월	태양계 해체
1시간	지구 폭발
10^{-19}초	원자 분해

그림 15 2003년 콜드웰, 카미온코프스키, 와인버그가 발표한 연대표를 바탕으로 각색한 빅 립의 연대표(최악의 w 시나리오) 빅 립까지 최소한 약 1,880억 년이 남았다. 위의 표는 빅 립 전에 일어날 다른 파괴의 사건들이 언제 일어날지를 알려준다.

블랙홀 핵이 제거된다. 그리고 마지막 순간에는 우주 공간을 이루는 망 자체가 찢긴다.

안타깝게도 우리가 빅 립에서 안전할지 여부는 결코 장담할 수 없다. 문제는 열 죽음의 운명을 맞을 우주와 빅 립을 맞을 우주 사이의 차이가 말 그대로 측정이 불가능하리라는 사실이다. 암흑 에너지가 우주상수라면 상태 방정식의 매개변수 w는 정확히 –1이 되고 그러면 우주는 열 죽음을 맞는다. 한편 w가 –1보다 10억 분의 10억 분의 1이라도 작다면, 암흑 에너지는 우주를 갈기갈기 찢을 유령 암흑 에너지이다. 그 어떤 대상이라도 불확실성이 전혀 없이 100퍼센트 정확하게 측정하기란 불가능하므로, 우리가 할 수 있는 일이라고는 빅 립이 일어난다면 우주의 모든 구조가 이미 붕괴한 아주 먼 미래일 것이라고 스스로를 위안하는 것뿐이다. 암흑 에너지가 유령 암흑 에너지라고 하더라도, w가 –1에 가까울수록 빅 립은 더 먼 미래가 된다. 내가 플랑크 위성이 보낸 2018년도 데이터를 바탕으로 최근에 계산한 결과, 아무리 빨라도 약 2,000억 년 뒤에나 일어날 것으로 나왔다.

휴.

그러나 우주와 물리학 구조 자체가 받을 잠재적인 영향을 우려하는 천문학계는 w=–1에서 시작해서 맹렬한 우주 종말에까지 이르는 척도에서 현재 우리가 어디에 위치하고 있는지 알아내는 일을 중요하게 생각한다.* w를 직접 측정할 수는 없지만, 우주의 과거 팽창 속도를 측정한 다음 서로 다른 종류의 암흑 에너지가 과거에 어떤 영향을 미쳤을지를 가늠하는 최고의 이론 모형과 비교하여 간접적으로 측정할 수는 있다. 앞 장에서도 간략하게 이야기했지만, 과거의 팽창 속도를 측정하는 것도 생각보다 훨씬 어려운 일이다. 원칙적으로는 w를 측정하는 데에 여러 가지 방법들이 있고, 그중에는 구체적인 거리에서 일어나는 팽창 속도를 계산하지 않더라도 가능한 것도 있다. 하지만 암흑 에너지를 이해하는 가장 간단한 방법은 우주의 팽창 역사 전반을 이해하는 것이다. 그리고 우리는 다음과

* 나의 동료들에게 묻는다면, 암흑 에너지의 본질을 이해하여 물리학의 근본과 우리의 우주론 모형에 암시하는 바를 밝히고 싶어서라고 대답할 것이다. 하지만 나는 그것이 무척 지루하리라고 확신한다.

같은 아주 단순한 질문에 답하려고 할 때조차도 우주론의 온갖 기묘한 일들이 서로 충돌한다는 사실을 알 수 있다. "저 은하는 얼마나 멀리 떨어져 있는가?"

천국으로 가는 사다리

우주에서 서로 멀리 떨어져 있는 두 지점의 팽창 속도를 유의미하게 비교하려면, 우선 두 지점이 얼마나 멀리 있는지를 정확하게 알아야 한다. 지구상에 있는 두 지점뿐 아니라 지구와 달 사이의 거리는 전혀 문제가 되지 않는다. 달을 향해 레이저를 발사한 다음 빛이 되돌아오는 시간을 측정하면 거리를 알 수 있다.* 이 같은 척도들에서는 우주가 합리적으로 작동한다. A부터 B까지 직접 거리를 측정할 수 있는 곳은 기본적으로 불변하는 공간과 같으므로 모든 것이 순조롭다. 하지만 태양계를 벗어나면 상황은 복잡해진다. 멀리 떨어진 물체일수록 거리를 재기가 힘들어서이기도 하지만 척도가 커지면 우주 팽창이 거리의 정의 자체를 바꾸기 때문이기도 하다.

천문학자들이 어떻게든 한데 엮으려고 해왔던 거리에 관한 여러 정의와 측정은 서로 중복되는 부분이 많고 한 가지 정의나 측정이

---

* 그렇다. 우리는 레이저로 달까지의 거리를 측정한다. 이른바 레이저 거리 측정을 할 수 있는 것은 아폴로 우주인들이 놓고 온 거울 덕분이다. 거울은 달이 얼마나 멀리 떨어져 있는지를 알게 해줄 뿐만 아니라(흥미롭게도 달은 매년 거의 4센티미터씩 지구로부터 멀어지고 있다) 궤도를 매우 세밀하게 관찰해서 중력의 작용 방식을 이해하는 데에 무척 유용한 도구이다.

다른 정의나 측정의 기반이 되는 경우도 많다. 그 결과인 **거리의 사다리**(distance ladder)는 여전히 때로 허술해 보이기는 하지만 지난 수십 년간 이루어진 관찰 천문학과 데이터 분석의 눈부신 성과이다. 이 전략은 실행하기는 무척 어려워도 직관적으로 이해할 수 있다.

큰 방의 길이를 재야 한다고 가정해보자. 당신에게 주어진 것은 평범한 크기의 자뿐이다. 바닥에 한참 쪼그려 앉는 고생을 개의치 않는다면 방 길이를 전부 잴 때까지 자를 바닥에 놓았다가 들기를 반복하면 된다. 좀더 창의적인 방법으로는 우선 당신의 보폭을 자로 잰 후에 방 안을 걸어보고 그 걸음 수를 세면 된다. 보폭처럼 쉬운 수단으로 측정 단위를 정한 뒤에 긴 길이를 측정하는 방법이 바로 거리의 사다리이다.

천문학에서 거리의 사다리는 수십억 광년 떨어진 천체로까지 늘어난다. 태양계에서는 직접적인 레이저 측정, 궤도 스케일링뿐만 아니라 일식과 월식으로도 거리 데이터를 모을 수 있다. 태양계를 넘어가면 다음 단계인 시차(視差, parallax)를 이용한 방법이 필요하다. 시차는 가까이 있는 물체들을 여러 시점에서 바라보면 좀더 멀리 있는 배경과 대비해서 물체들의 위치가 달라지는 현상이다. 손가락 하나를 얼굴 앞에 올린 다음 오른쪽 눈만 떴다가 왼쪽 눈만 뜨면 손가락이 왔다 갔다 하는 것 역시 같은 현상이다. 가까이 있는 별을 6월에 볼 때와 12월에 볼 때, 멀리 있는 다른 물체들과 비교해서 그 별이 조금 움직인 것처럼 보이는 까닭은 지구가 태양 주위를 돌기 때문에 위치가 달라져서이다. 가까울수록 변화가 크다. 하지만 우리 은하 바깥에 있는 천체들은 겉보기 운동을 관측하기에는 너무

작게 보이므로 천체가 내보내는 빛의 성질로 거리를 가늠하는 또다른 방법을 사용해야 한다.

핵심은 앞 장에서 잠깐 이야기한 표준 촉광 개념이다. 물리적 특성으로 밝기를 알 수 있는 천체(예컨대 항성)를 표준 촉광으로 정한다. 그런 다음 표준 촉광이 얼마나 밝게 보이는지로 얼마나 멀리 떨어져 있는지를 가늠한다. "60와트"라고 쓰인 전구를 떠올려보자. 우리는 전구가 실제로 얼마나 밝은지를 알지만 전구와 멀어질수록 밝기는 약해진다.

물론 우주에 있는 천체들에는 밝기가 찍혀 있지 않다. 하지만 우리에게는 그만큼 유용한 정보가 있다. 천문학자들이 처음으로 표준 촉광을 활용할 수 있게 된 것은 1900년대 초에 천문학자 헨리에타 스완 레빗이 이룬 혁신적인 발견 덕분이다.* 하버드 대학교 천문대에서 근무하던 레빗은 "세페이드 변광성"이라는 항성이 예측 가능한 방식으로 밝아졌다 어두워졌다를 반복한다는 사실을 알아냈다. 원래의 밝기가 다른 세페이드보다 밝은 세페이드는 오랜 시간 동안 조금 밝아졌다가 조금 어두워지는 느리고 점진적인 맥동(pulsations)을 한다. 한편 본래 어두운 세페이드는 맥동이 좀더 빠르고 가장 밝

---

* 당시 레빗은 천문학자로 불리지 않았다. "컴퓨터"라고 불리는 저임금 보조 인력으로 고용된 그녀가 밤하늘을 찍은 사진 건판을 확인하며 수행한 수많은 중요한 계산들은 천체물리학의 토대가 되었다. 레빗의 발견을 바탕으로 우주의 크기와 팽창 정도를 알아낸 에드윈 허블은 후에 그녀가 노벨상을 받아야 한다고 말했다. 안타깝게도 레빗의 삶은 가까운 동료들에게 존경을 받았다는 사실 외에는 거의 알려진 것이 없다.

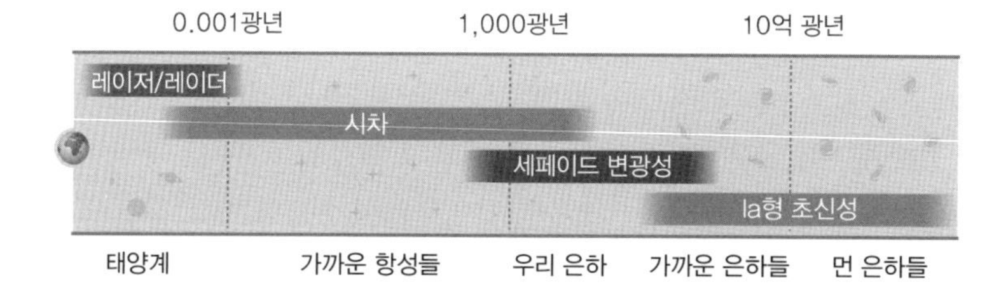

그림 16 우주 거리의 사다리 태양계에 속하는 천체는 레이저나 레이더로 거리를 측정할 수 있다(궤도 운동 시간과 거리의 관계로도 측정할 수 있다). 가까이 있는 항성은 시차로 측정할 수 있고, 세페이드 변광성은 우리 은하와 주변 은하에 속한 천체의 거리를 파악하는 데에 도움이 된다. 그보다 더 먼 거리는 Ia형 초신성을 기준으로 삼는다.

을 때와 가장 어두울 때의 밝기 차이가 크다.*

레빗의 혁명적인 발견은 우리를 둘러싼 우주의 척도를 최종적으로 확인해주었다는 점에서 천문학 역사에서 무척 중요한 사건이다. 레빗 덕분에 세페이드가 보이는 곳이라면 어디든 신뢰할 수 있는 수준의 정확도로 거리를 알아내어 유용한 지도를 그릴 수 있게 되었다. 레빗은 세페이드의 맥동 주기와 지구에서 보이는 밝기를 측정한 다음 실제 밝기와 거리를 매우 정확하게 계산했다.

그렇다면 우리는 레빗의 발견으로 우주의 어디까지 알아냈을까? 우리는 우리 은하 전체와 주변 은하에서 세페이드 변광성을 관찰할 수 있으므로, 시차를 이용하여 가까운 세페이드의 거리를 알아낸

* 개에 비유하자면, 밝은 세페이드는 몸집이 크고 둔한 세인트버나드이고 어두운 세페이드는 활기 넘치는 조그마한 치와와이다.

후 맥동 주기와의 관계를 규명한다. 그런 다음 더 멀리 떨어져 있는 세페이드로 먼 은하의 거리를 가늠한다.

거리의 사다리에서 그다음 단계는 무척 중요하지만, 모든 면에서 상황이 몹시 복잡해진다. 앞 장에서 말했듯이, 특정 초신성들은 거리 측정에 활용할 수 있다. Ia형 초신성 폭발은 백색왜성이 주변에 있는 마찬가지로 불운한 또다른 항성으로부터 질량을 흡수한 다음 격렬하게 파괴되면서 일어난다. 백색왜성들은 구조가 비교적 단순하고*, 폭발은 우리에게 익숙한 물리학 법칙들의 지배를 받으므로 한때는 Ia형 초신성이 훌륭한 표준 촉광으로 간주되었다. 폭발이 모두 비슷해 보였기 때문이다. 그러나 이후 Ia형 초신성은 그 자체로 표준적인 촉광이 아니라 세페이드 변광성처럼 그 밝기에 따라서 표준화할 수 있는 촉광이라는 사실이 밝혀졌다. 폭발의 밝기가 가장 셀 때와 약할 때를 측정할 수 있다면, 폭발로 분출되는 총 에너지를 알 수 있으므로 실제 밝기를 파악할 수 있다.

반짝이는 별의 열핵 반응

이 책의 주제는 파멸이므로, Ia형 초신성을 그저 "일종의 폭발하는 항성"이라고만 말하는 데에 그쳐서는 안 될 것이다. 태양도 언젠가 맞을 운명인 백색왜성은 그 자체로 항성 진화의 경이로운 결과이다. 백색왜성이 폭발하면 열핵이 격렬하게 터지면서 은하 전체보다

---

* 항성치고는 단순하다는 뜻이다.

강한 빛을 발산한다.

당신이 항성이라고 가정하면 당신의 존재는 삶의 주기에서 어느 시점에 있든 항성 핵의 압력과 당신을 이루는 물질의 중력 간의 미세한 균형에 따라서 달라진다(이를 "정역학적 평형"이라고 부르지만, 간단하게 말해서 항성이 바깥으로 미는 힘과 안으로 당기는 힘이 균형을 이루어 폭발하거나 붕괴하지 않는 상태를 뜻한다). 삶의 주기 대부분에 항성은 핵 안에서 원자핵들을 강하게 결합하여 더 무거운 원자로 만드는 핵융합 반응을 일으키며 바깥으로 미는 압력을 생성한다. 가장 작은 원소들을 융합하면 복사가 발산되는데 이 복사의 압력이 항성의 내부 붕괴를 막는다.

태양을 비롯한 항성에서 바깥으로 미는 압력은 수소가 헬륨으로 융합되면서 생성된다. 사실 항성 대부분은 거대한 헬륨 공장으로, 우주에서 엄청난 양의 수소를 가져와 초당 셀 수 없을 만큼의 빈도로 융합한다.

항성 중에서도 특히 우리에게 친숙한 태양을 예로 들어보자.

지금도 핵에서 신나게 수소를 태우며 엄청난 헬륨을 만드는 태양은 수소-헬륨 균형점이 달라지면서 온도와 압력이 변화하고 있다. 헬륨 공장의 효율은 온도와 압력에 따라서 달라지므로 태양의 크기와 에너지 방출량은 시간이 흐르면서 변할 것이고, 무엇보다도 앞으로 수백만 년이 지나면 복사의 양이 늘어나고 크기도 조금 커질 것이다.*

---

* 최근의 관측에 따르면 태양은 이미 매년 반지름이 약 1인치씩 늘어나고 있다.

약 10억 년 후에는 우리 모두 바싹 타버릴 것이다. 하지만 지구가 어떤 생명도 살지 않는 그을린 돌덩이가 되어가더라도 태양은 삶을 계속 이어간다. 뜨거워진 태양 열이 내행성(수성, 금성)을 모조리 태워버리고 지구의 바닷물을 전부 증발시키는 동안, 태양 핵은 너무 많은 수소를 태워 헬륨으로만 채워지고 핵의 껍질에서만 수소가 불탄다. 핵 온도가 더 올라가면 헬륨을 산소와 탄소로 융합하기 시작하면서 몸집이 거대하게 불어나 적색거성이 된다. 태양은 수십억 년 동안 적색거성으로 지내다가 융합할 수소가 마침내 전부 떨어지면 본격적으로 죽음의 길로 향한다. 핵 바깥 부분에서 작용하는 중력이 핵을 수축하면서 핵 안에는 산소가 채워지고 그다음으로는 탄소가 채워진다. 하지만 태양이 금성 궤도를 삼키고 지구를 연기가 피어오르는 잿더미로 만들 만큼 부풀면, 태양의 중력으로는 융합을 지속할 온도를 유지할 수 없게 된다. 태양의 외기권은 점차 이탈하고 핵은 수축하기 시작한다.

핵융합 반응을 더 이상 하지 못하고, 주변 행성을 삼키며, 외피가 벗겨지고 변형된다면, 이제 태양이 죽음을 맞았다고 생각하기 쉽다. 하지만 다행히도 태양 같은 항성들은 적색거성 단계를 지나더라도 융합 반응보다 더 강력한 압력 덕분에 완전히 붕괴하지 않고 백색왜성으로 회복할 시간을 가질 수 있다. 이 압력은 양자역학에서 직

하지만 동시에 지구도 궤도를 확장하고 있어서 매년 약 15센티미터씩 태양으로부터 멀어지고 있으므로(단위를 통일하지 않고 인치와 센티미터를 동시에 썼지만 독자들 모두 이해했으리라 생각한다), 현재 태양 표면이 우리와 가까워지고 있는 것은 아니다.

접적으로 비롯된다.

양자 더미

우선 알아야 할 사실은 전자, 양성자, 중성자, 중성미자, 쿼크처럼 우리가 잘 이해하고 사랑하는 아원자 입자들은 양자물리학의 맥락에서 지독하게 독립적인 페르미온(fermion)이라는 것이다. 구체적으로 설명하면, 페르미온은 동시에 같은 장소에 같은 에너지 상태로 존재하기를 꺼리는 **파울리의 배타원리**(Pauli exclusion principle)를 따른다. 고등학교 화학 시간에 배웠듯이, 원자와 결합한 전자들의 에너지 상태인 "오비탈(orbital)"이 서로 다른 것도 같은 이유에서이다.

그러나 전부 타버려서 내부 붕괴하는 항성의 핵에는 수많은 원자들이 밀착해 있기 때문에, 전자들도 무척 좁은 공간에 갇혀 있을 수밖에 없다. 이 같은 압력에서는 전자가 특정 원자와 결합하는 대신에 밀집해 있는 거대한 원자 덩어리와 뭉쳐져 있는 상태이므로, 서로 같은 에너지 상태에 있지 않기 위해서 점점 높은 에너지 상태로 도약한다. 항성의 내부 붕괴를 막을 만큼 강력한 이 같은 **전자 축퇴 압력**(electron degeneracy pressure)은 항성을 완전히 새로운 종류인 백색왜성으로 바꾼다.

백색왜성은 일종의 전혀 타지 않는 항성이다. 융합도 일어나지 않는다. 백색왜성은 전자들이 서로를 좋아하지 않는다는 양자역학 원리만으로 단단히 뭉쳐 있는 물체이다. 고요히 그을린 상태로 수십억의 수십억 년 동안 존재하면서 천천히 식어가고 검게 변하다가,

우주의 다른 만물과 마찬가지로 우주의 열 죽음과 함께 산산조각이 나거나, 빅 크런치로 불타오르거나, 빅 립을 일으키는 유령 암흑에너지에 의해서 갈가리 찢길 것이다.

그러나 질량이 조금 늘어나면 이야기는 달라진다.

전자 축퇴 압력의 힘은 대단하다. 이것은 **항성 전체**를 지탱할 수도 있다. 하지만 한계가 있다. 백색왜성이 주변의 항성으로부터 물질을 끌어당긴다든지 다른 백색왜성과 충돌하는 일이 일어나서 질량이 증가하면 축퇴 압력이 더 이상 균형을 유지하지 못해 붕괴가 일어난다. 균형이 깨지면 순식간에 수많은 일들이 연달아 일어난다.

우선 항성 핵의 온도가 올라간다. 그리고 탄소가 연소되기 시작한다. 항성을 이루던 물질들이 소용돌이치면서 불타오르는 핵으로 마구 오간다. 그러다가 폭연(爆燃) 작용이 일어나 강력한 열핵 폭발이 일어나면서 항성은 완전히 갈기갈기 찢긴다.

백색왜성 폭발은 순간적으로 은하 전체를 밝힐 만큼 극렬한 빛을 내기 때문에 수십억 광년 떨어진 곳에서도 망원경으로 관찰할 수 있다. 우리 은하의 먼 부분과 주변 은하에 있는 일부 초신성은 낮 동안에 도구 없이 맨눈으로도 아주 오래 전의 모습을 볼 수 있다.*

안타깝게도 붓칠을 대충 한 듯한 희미한 그림 같은 사진 말고는 Ia형 초신성 폭발이 정확히 어떻게 일어나는지는 알 수 없다. 천문

---

* 1006년 4월 30일과 5월 1일 사이에 관측된 초신성 SN 1006은 우리 은하에서 지구로부터 약 7,000광년 떨어진 곳에 있던 두 개의 백색왜성이 충돌하여 생성된 Ia형 초신성이었을 것으로 추측된다. 온갖 색의 연기 덩어리처럼 보이는 잔해는 지금도 천문 사진으로 관측할 수 있다.

학자들은 주변 항성에서 떨어져 나온 물질이 백색왜성으로 들어가면서 초신성이 생성되는 경우가 많은지 아니면 백색왜성끼리 충돌하면서 생성되는 경우가 많은지를 두고 아직도 논의 중이다. 항성에서 일어나는 폭발을 컴퓨터로 재연하는 것 역시 몹시 어렵다. 대부분의 시뮬레이션은 항성이 물질을 마구 내보내면서 부푸는 단계까지는 훌륭하게 보여주지만 실제로 폭발 단계까지는 이르지 못한다. 하지만 과학자들은 포기하지 않고 연구를 계속하고 있다(항성은 무척 복잡한 존재이다. 특히 양자역학과 열핵 폭발이 모두 중요해지는 단계에서는 더더욱 그러하다).

우리가 Ia형 초신성 관측을 통해서 유용한 무엇인가를 배울 수 있다고 짐작하는 까닭은, 백색왜성들이 거의 같은 질량에서 폭발한다고 합리적으로 추측할 수 있기 때문이다. 인도의 물리학 신동 수브라마니안 찬드라세카르는 스무 살이 되던 1930년에 케임브리지 대학교에 입학하기 위해서 영국으로 가는 배 위에서 무료한 시간을 달래다가 우연히 항성의 진화에 관한 지식에 혁명을 일으켰다. 기존의 계산법을 개선하고 상대성의 중요한 영향들을 고려하여 항성이 전자 축퇴 압력으로 더 이상 버틸 수 없는 명백한 한계를 발견한 것이다. 태양 질량의 1.4배인 이 한계는 찬드라세카르 한계(Chandrasekhar Limit)가 되었다. 백색왜성의 질량이 찬드라세카르 한계를 넘으면 곧바로 대규모 초신성 폭발이 일어난다. 폭발에 관한 물리학은 항상 같고 Ia형 초신성의 원래 밝기를 알 수 있으므로 그 거리를 유추할 수 있게 된 것이다.

찬드라세카르가 탄 배가 마침내 영국에 도착했을 때, 그의 혁신적인 발견은 마치 초신성 폭발처럼 과학계를 뒤흔들었고 기이하고 경이로운 항성 폭발에 관한 인류의 관점을 영원히 바꾸어놓았다(물론 모든 사람이 동의한 것은 아니었다. 그중에서 당시 천문학계의 유명인사였던 아서 에딩턴 경*은 이제 막 학계에 발을 들여 자신의 연구를 수정한 찬드라세카르 때문에 평판이 떨어지는 것이 거슬렸는지 젊은 물리학자를 수년 동안 괴롭혔다. 하지만 결국 그도 찬드라세카르의 계산이 뛰어났음을 인정했다).

우주 팝콘

어떤 백색왜성이라도 찬드라세카르 한계 이상으로 질량이 커지면 폭발한다는 생각은 천문학자들에게 주변 환경에 따른 약간의 차이만 고려하면, 백색왜성을 거리 기준으로 삼을 수 있다는 희망을 심어주었다.

실제로 이런 희망이 얼마나 가능할지는 천문학계에서 여전히 뜨겁게 논쟁 중이다. 백색왜성이 거리 기준이 된다면 누릴 수 있는 혜택들을 생각하면 당연한 일이다. Ia형 초신성은 광활한 우주 곳곳

---

* 에딩턴이라는 이름이 익숙하다면, 그가 1919년에 일식 관측 탐험을 떠나 아인슈타인의 일반상대성이론에 관한 첫 관찰 증거를 찾은 장본인이기 때문일 것이다. 에딩턴은 항성들을 관측하여 항성 빛이 태양을 지난 후에 지구에 닿는 과정에서 태양의 공간 왜곡으로 휘어진다는 사실을 입증했다(이는 일식이 일어날 때에만 가능한 관측이다). 당시 어느 한 언론매체는 다음과 같은 유명한 머리기사를 내보냈다. "**천국의 모든 빛이 휘어진다는 일식 관측 결과에 과학계 남성들이 놀라다**." 어째서 과학계 여성들은 놀라지 않았을까.

을 잴 수 있는 황금률이다.* Ia형 초신성 덕분에 천문학자들은 1990년대 말에 우주의 가속 팽창을 탐지했고, 지금은 암흑 에너지의 본질을 연구하고 있다.

(정확히 언제, 어디에서 일어날지도 모르는 항성 폭발을 거리 기준으로 삼는다는 것이 이상하게 들릴 수 있다. 하지만 항성 폭발은 무척 높은 비율로 일어나서 하나의 은하에서 대략 한 세기마다 하나의 초신성이 탄생한다. 은하는 매우 많으므로 매일 밤 은하 사진을 여러 장 찍기만 해도 전날 밤 찍었을 때는 없었던 반짝임을 볼 수 있다. 이 반짝이는 부분을 더 자세히 관측하면 된다).

초신성을 기준으로 은하의 거리를 재는 기술은 정확도가 매우 높아서 오차 범위가 1퍼센트대를 향하고 있다. 덕분에 우리는 현재 은하들이 얼마나 멀리 떨어져 있는지와 얼마나 빨리 멀어지고 있는지를 측정하여 우주의 팽창 속도를 가늠할 수 있다. 제3장에서 언급했듯이, 팽창 속도는 거리와 후퇴 속도와 관련한 숫자인 허블 상수로 이야기할 수 있다. 내가 이 책을 쓰는 지금 초신성 측정으로 계산한 허블 상수의 정확도는 2.4퍼센트이다.

여기에서 이상한 점은 우리가 얻은 수치가 우주 배경 복사를 관측하여 얻은 값과 전혀 다르다는 사실이다.

---

* Ia형 초신성이 실제로 황금을 만들 수 있다는 사실을 떠올리면 이는 무척 기발한 말장난이다. 폭발이 일어나는 동안 극도로 높은 온도와 압력 때문에 다른 원소들도 생성되는데(특히 니켈이 아주 많이 만들어진다), 사실 금이 만들어질 확률이 가장 높은 경우는 중성자 별이 충돌할 때이다. 안타까운 일이다.

혼란의 팽창

지난 몇 년간 초신성을 이용해서 측정한 허블 상수는 대략 74km/s/Mpc이다. 다시 말해서 1메가파섹(약 320만 광년) 떨어진 은하가 초당 약 74킬로미터씩 멀어지고 있다. 우리가 보기에 두 배 멀리 떨어진 은하는 두 배 빠르게 후퇴하고 있다. 하지만 허블 상수는 우주 배경 복사의 뜨겁고 차가운 점들이 이루는 기하학적 구조를 세밀하게 관찰하는 간접적인 방법으로도 측정할 수 있다. 그러면 67km/s/Mpc에 가까운 값이 나온다. 배경 복사의 점들을 관찰하는 것은 우주 역사의 서로 다른 시대를 관찰하는 것이지만, 모두 지금의 팽창 속도를 알려준다. 우리가 생각하는 방식대로 우주가 만들어졌다면 허블 상수를 측정하는 두 가지 방법은 같은 값을 도출해야 한다. 하지만 그렇지 않다.

사실 누구도 두 측정 모두 그렇게 정확하다고는 생각하지 않았기 때문에 이런 불일치는 항상 그다지 큰 문제로 여겨지지 않았다. 최근까지도 우주 배경 복사 전문가들은 거리의 사다리에 어떤 오류가 있지만 언젠가는 밝혀져서 수치가 낮게 조정될 것이라고 기대했고, 초신성 전문가들은 우주 자체의 형태를 측정하려는 시도에서 비롯된 우주 배경 복사 측정법이 너무 복잡하기 때문에 언젠가는 수치가 조금 더 높게 수정될 것이라고 기대했다. 우주의 유아기 사진을 보고, 그 사진을 토대로 현재의 팽창 속도를 측정하는 데에 필요한 수많은 계산과 전환 과정들을 떠올려보면 초신성 전문가들의 기대가 터무니없는 것은 아니다. 마찬가지로 거리의 사다리 역시 황홀

할 정도로 복잡하다. 초신성 자체의 모든 상대적인 특성을 고려하지 않으면 갖가지 편견에 빠지기 쉬울 뿐 아니라, 변광성을 측정하는 일 자체가 몹시 어렵다. 비교적 가까운 은하들의 거리 역시 때로는 불확실성이 매우 크게 나타난다. 그 이유들 중의 하나는 우리가 가까이에서 볼 수 있는 세페이드 변광성 종족들이 멀리 있는 종족들과 다르기 때문이다. ……그리고 또다른 이유들도 있다. 전부 이야기할 수는 없으니 여러 논란들이 있다고만 해두자.

상대편이 무엇인가를 잘못했다는 추측은 아직도 여전하지만, 두 집단 모두 측정법이 발달하면서 측정 편향에 영향을 줄 것이라고 여겨지던 원천들을 전부 찾아냈다. 그런데도 두 값이 오히려 더 선명하게 대비되면서 상황은 더욱 불편해지고 있다.

이에 대한 해결책이 무엇일지는 알 수 없다. 어쩌면 데이터상의 시스템 오류나 측정 자체에 원인이 있을지도 모른다. 가능성은 낮아 보이지만 그저 통계 오류일 수도 있다. 흥미로운 설명 중의 하나는 암흑 에너지가 평범한 우주상수가 아니라 아마도 빅 립으로 이어질 수 있는 좀더 불길한 무엇인가라는 것이다. 두 가지 측정값의 틈을 합리적인 방법으로 메워주는 가정이 하나 있다. 유령 암흑 에너지가 지배하던 우주의 초기 단계에서 예상할 수 있는 방식으로 암흑 에너지가 점차 강해지면 된다.

당황하기는 아직 이르다. 이미 말했지만 데이터는 정확하지 않다. w에 관한 측정 대부분은 –1과 완전히 일치하고, –1보다 낮은 값으로 나오는 경우가 있기는 하지만 통계적으로 무의미한 수준이다. 허블 상수 불일치의 경우, 모든 측정이 정확하더라도 기이한 암흑 물질 모형을 적용하거나 초기 우주의 조건을 변경한다면 허블 상수의 불일치를 종말과 상관없이 충분히 설명할 수 있다. 사실 암흑 에너지를 약간 수정한다고 하더라도 문제가 완전히 해결되는 것도 아니다. 따라서 답이 다른 어딘가에 있으리라는 추측은 불합리하지 않다. 최근 우주의 역사에서 암흑 에너지의 영향이 빠르게 상승해서 그 정체가 유령 암흑 에너지일 가능성이 시사된다고 하더라도, 빅 립이 실제로 일어나기 전까지는 아직 많은 시간이 남아 있다.

사실 이제까지 이야기한 모든 우주 종말 시나리오의 한 가지 공통점은 종말이 결코 가까운 미래에는 일어나지 않으리라는 것이다. 물리학에 관한 인류 최고의 지식은 가장 극적이고 갑작스러운 빅 크런치는 최소 수백억 년 뒤에나 일어나고 빅 립은 적어도 1,000억 년 안에는 일어나지 않는다고 말한다. 빅 크런치나 빅 립보다 가능성이 더 크다고 점쳐지는 열 죽음은 헤아리기도 어려운 먼 미래에 일어날 것이다.

그러나 빅 립, 빅 크런치, 열 죽음보다 훨씬 불길한 또다른 가능성이 있다. 이는 우주의 그물망을 만든 자의 실수로 일어날 멸망이다. 이것은 분명 설득력이 있고, 많은 부분이 설명되었으며, 그 어느 때보다도 정확한 최신의 기본 물리학 실험들로 입증되었다. 그리고 언제라도 일어날 수 있다.

제6장

진공 붕괴

그 어떤 것도 우리가 일어날 거라고 걱정했던 일이 아니잖아.
누구도 생각지 못한 일이 일어난 거야.
—코니 윌리스, 『둠즈데이 북(*Doomsday Book*)』

2008년 3월 원자력 안전 담당 공무원으로 일하다가 은퇴한 월터 와그너는, 과학자들이 거대 강입자 충돌기(Large Hadron Collider, LHC)를 가동하지 못하도록 미국 정부를 상대로 소송을 제기했다. 와그너에게 소송은 세상을 구하기 위한 절박한 몸부림이었다. 물론 패소했다. 우선 강입자 충돌기는 미국 정부가 아닌 유럽 원자핵 공동연구소(약자인 "CERN"은 프랑스어에서 따온 것이다) 소관이다. 그리고 와그너의 걱정이 아무리 진심이라고 해도 그의 걱정에는 과학적인 근거가 부족했다. 결국 CERN은 관련 기술이 안전하다는 보도 자료를 발표한 후에 충돌기 건설과 가동을 계속했다.

그러나 여전히 많은 사람들이 첫 입자 충돌 실험 날짜가 다가올수록 두려움에 떨었다. 원형으로 둘레가 27킬로미터에 이르며 초저온 상태인 지하 진공 밀폐 터널의 네 군데에서 양성자를 충돌시키는 LHC 실험은 역사상 가장 강력한 입자물리학 실험이 될 예정이었다. 이 같은 충돌로 탐지기 안에서는 아주 강력한 에너지가 순간적으로 분출되므로 우주 탄생 후 불과 몇 나노초 뒤의 뜨거운 빅뱅 환경이 재연될 수 있다. 과학자들은 LHC가 초기 우주의 환경뿐 아니라 물질과 에너지 자체의 구조에 관한 통찰을 선사하기를 기대했다. 이전 실험들에서 물리학 법칙들이 에너지에 영향을 받았기 때문에 입자와 힘의 상호작용 방식은 환경에 따라 달라졌다. 따라서 에너지가 높은 충돌을 일으킬수록 과학자들이 물리학 작용에 대한 인류의 이해를 발전시킬 가능성이 더욱 커진다.

LHC 실험이 안겨줄 더 매력적인 또다른 혜택이 있었다. 수십 년 전에 물리학자들은 물질의 행동에 핵심적인 역할을 하고 표준모형을 완성할 마지막 조각이 될 새로운 입자에 관한 이론을 발표했다. 곧 자세히 이야기하겠지만, 발견된 이후 힉스 보손(Higgs boson)이라고 불린 이 입자는 초기 우주에서 기본 입자들이 어떻게 질량을 얻게 되었는지를 설명하는 주류 이론을 최종적으로 입증했다. 과학자들은 물리학 법칙의 구조에 관해서 인류가 이제까지 탐험해온 영역을 초월할 실마리들을 얻을 것으로 기대했다.

그러나 실재에 관한 미지의 영역을 탐험할 가능성은 과학계 외부인에게는 공포로 다가왔다. 어느 누구도 그와 같은 극단적으로 높은 에너지에서 충돌을 일으킨 적이 없었다. 그런 환경에서 물리학 법칙이 어떤 변화를 일으킬지는 누구도 예측할 수 없었다.

최악의 시나리오들이 인터넷을 떠돌았다. 그 시나리오들에 따르면, 입자 충돌기가 또다른 차원으로 연결되는 입구를 열어 우주의 그물망을 찢을 수 있었다. 또 초소형 블랙홀이 생겼다가 지구 전체를 집어삼킬 만큼 커질 수도 있었다. 아니면 업 쿼크, 다운 쿼크, 스트레인지 쿼크*로 이루어진 "이상한 물질"이 탄생하여 그 물질과 닿는 모든 것의 물성이 바뀌는 "얼음 9 연쇄반응"**이 일어날지도 몰랐다. 하지만 물리학자들은 별걱정이 없어 보였고 실험을 강행했다. 2009년 11월 LHC는 첫 고에너지 양성자 충돌을 일으켰다.

이 행성에 여전히 생명이 존재한다는 사실을 떠올리면, 입자 충돌 실험 동안 앞에서 언급한 어떤 재앙도 일어나지 않았다고 말해도 스포일러가 될 것 같지 않다(아직도 걱정된다면 관련 정보가 실시간으로 업데이트되는 다음 웹사이트를 참고하라. www.hasthelargehadroncolliderdestroyedtheworldyet.com). 하지만 그저 운이 좋았던 것은 아닐까? 잠재적인 여러 위험들이 있다는 사실을 떠올리면 실험이 정말 안전했다고 믿을 수 있을까?

물리학자들이 항상 신중한 것은 아니지만, "만약의" 시나리오를 탐구하는 것이야말로 학자들의 생계와 직결되는 일이며 궁극의 파괴 가능성에 관한 물리학적 원리는 결코 무시할 수 없는 문제이다.*** 실제로 2000년에 4명의 물리학자들(그중 1명은 이후 노벨상을 받았다)이 「현대 물리학 리뷰(*Reviews of Modern Physics*)」에 "RHIC의 추

---

* 쿼크는 질량과 전하에 따라 업(up), 다운(down), 톱(top), 보텀(bottom), 참(charm), 스트레인지(strange)로 이루어진 여섯 가지 "맛깔(flavor)"로 나뉜다. 이 이름은 1960년대에 붙여졌다.

** 커트 보니것의 『고양이 요람(*Cat's Cradle*)』에는 액체로 된 물보다 안정적인 새로운 형태의 얼음인 "얼음 9"가 등장한다. 이 이야기에서 얼음 9의 입자와 닿는 모든 물은 얼음 9가 되어 생명과 세상의 존재에 위협을 가한다.

*** 믿어주시라. 내가 보증한다.

측성 '재앙 시나리오'에 관한 검토"라는 제목으로 16페이지짜리 논문을 발표했다. RHIC는 미국 국립 브룩헤이븐 연구소가 LHC보다 먼저 만든 상대론적 중이온 충돌기(Relativistic Heavy Ion Collider)로, 금과 같은 중원소의 핵을 높은 에너지에서 충돌시키는 장치이다. 상대론적 중이온 충돌기 실험 역시 예상치 못한 결과를 일으켜 지구(또는 우주)를 위험에 빠트릴 수 있다는 대중의 우려를 불러일으켰고, 네 물리학자는 그러한 소문들을 면밀하게 검토하여 사람들을 안심시킬 논문을 작성했다.

검토 결과는 긍정적이었다. 연구자들이 이상한 물질이나 블랙홀이 만들어질 가능성이 이론적으로 매우 낮다는 사실을 밝혔을 뿐 아니라 실험 데이터로도 이를 뒷받침했다.

충돌기가 일으키는 기이한 현상이 인류를 파괴할 것이라는 주장은 극단적으로 높은 에너지에서 이루어지는 충돌이 어떤 상황으로 이어질지 누구도 모른다는 생각을 바탕으로 한다. 이는 한 가지 중요한 사실을 간과한다. RHIC와 LHC가 도달하는 에너지는 미약한 인간은 전혀 경험할 수 없는 수준이지만, 우주를 가로지르는 우주선(cosmic ray)은 언제나 놀라우리만큼 높은 에너지에 도달하고 다른 물체나 또다른 우주선과 끊임없이 충돌한다. RHIC에 관한 논문의 저자들은 다음과 같이 지적했다. "태곳적부터 우주선은 RHIC 같은 '실험'을 온 우주를 무대 삼아 수행해왔다." 지구에 존재하는 어떤 충돌기가 일으키는 것보다 훨씬 더 높은 에너지의 충돌이 수십억 년 동안 우주 전반에서 일어났으므로, 만약 그런 충돌로 우주가 파괴되었다면 우리는 이미 알아차렸어야 한다.

"잠깐!" 당신은 이렇게 소리칠 것이다. "먼 우주의 우주선 충돌이 아무리 파괴적이라도 아주 먼 곳이라면 우리에게 영향을 미칠 수 없는 것 아닌가? 이상한 물질 덩어리가 우주 전체에 존재하지만 우리가 그저 모르는 것은 아닐까?" 예리한 지적이다. 일반적으로 충돌기에서 탄생한 입자들은 움직이는 속도가 빨라서 생성되자마자 실험실을 탈출한다고 여겨지지만, 위험한 입자가 탐지기에 그대로 머물 가능성도 생각해볼 수 있다. 그러면 어떻게 될까?

다행히 달이 탄광 막장의 카나리아가 되어준다. 지구에 설치된 탐지기와 우주 망원경으로 수집한 수많은 데이터에 따르면, 달은 항상 고에너지 우주선과 부딪힌다(실제로 우리는 전파 망원경으로 달 자체를 훌륭한 중성미자 탐지기*로 사용할 수 있다). 고에너지 입자 충돌이 주변 물질을 불가사의한 물질로 바꾼다면, 아주 오래 전에도 달에서 같은 일이 일어났어야 하고 그렇다면 우리의 하늘에는 지금과는 완전히 다른 천체가 보여야 한다. 마찬가지로 달에 작은 블랙홀이 만들어져서 달 전체를 삼켜버렸다면, 우리의 밤하늘은 지금과 달랐을 것이다. 우리 인간은 실제로 달에 갔을 뿐만 아니라 그 위를 걸었고 골프도 쳤으며 여러 표본들도 채취해서 가져왔다. 달은 무사하다. 따라서 저자들은 RHIC가 우리의 목숨을 빼앗을 일은 없을 것이라고 주장했다.

---

* 이는 에너지가 극도로 높은 중성미자가 달 표면의 흙, 먼지, 돌 조각 등을 통과해서 우리가 전파 망원경으로 탐지할 수 있는 전파를 생성하는 이른바 애스커리언 효과(Askaryan Effect) 덕분이다. 현재의 망원경으로는 불가능하지만 차세대 망원경은 신호들을 감지할 수 있을 것이다.

그러나 미지의 물질과 블랙홀 생성만이 종말에 관한 오해를 불러일으켰다가 사실이 아님이 입증된 것은 아니었다. 입자가 강력하게 충돌하면 **진공 붕괴**(vacuum decay)라는 양자 현상이 일어나 우주를 파괴할 것이라는 주장 역시 우주선의 강력한 에너지를 관찰하는 것만으로도 반박할 수 있다. 진공 붕괴는 우리 우주가 치명적인 불안정성을 내재한다는 가정에서 출발한다. 아무리 낮은 확률이더라도 무시무시하게 들리지만, RHIC가 가동되었을 때에는 우주의 그런 결함에 관한 실질적인 증거가 전혀 없었기 때문에, 과학자들은 진공 붕괴의 가능성을 진지하게 받아들이지 않았다.

그러나 2012년 LHC에서 힉스 보손이 발견되면서 모든 상황이 바뀌었다.

우주의 상태

입자물리학자를 자극하는 좋은 방법은 힉스 보손을 유명하게 한 별명인 **신의 입자**(God Particle)를 거론하는 것이다. 입자물리학자들이 이 거창한 별명을 한결같이 불편해하는 까닭은 과학과 종교의 조합 때문만이 아니다(물론 많은 이들이 질색하기는 한다). "신의 입자"라는 말이 끔찍하리만큼 부정확할 뿐만 아니라 솔직히 말해서 건방지게 들리기 때문이다. 그렇다고 힉스 보손이 입자물리학의 표준모형에서 차지하는 엄청난 중요성을 무시하는 것이 아니다. 힉스가 다른 모든 물질을 서로 맞추는 열쇠라고 주장해도 과언이 아니다. 하지만 힉스는 입자가 아니라 입자물리학의 작용과 우주의 본질에서 핵심적인 역할을 하는 **장**(場, field)이다.

짧게 이야기하자면, 힉스는 온 우주에 퍼져 있는 일종의 에너지 장이며 다른 입자들과 상호작용하면서 그것들에 질량을 부여한다. 힉스 **보손**이 힉스 장과 맺는 관계는 전자기력(과 빛)을 전달하는 광자가 전자기장과 맺는 관계와 같다. 다시 말해서 힉스 보손이 국부적인 "들뜸"을 통해서 스스로가 차지하는 면적보다 넓은 공간에 퍼져 있다는 것이다. 이보다 길게 이야기하려면 약한 핵력과 전기, 자기를 통일한 약전자기력 이론과 이 힘들을 분리하는 "자발적 대칭 깨짐(spontaneous symmetry breaking)"을 설명해야 한다.

(나는 이 부분에서 양자장 이론의 모든 것을 이야기하고 싶은 마음이 간절하지만, 엄청난 자제력을 발휘하여 몇 가지 중요한 요점만 짚고 넘어가도록 하겠다. 장담하건대 당신이 수학적 지식을 쌓는다면 이 이야기가 **훨씬** 흥미로워질 것이다).

제2장에서 언급했듯이 에너지가 달라지면 물리학 작용도 달라진다. 예를 들면 전자기와 약한 핵력은 우리가 일상에서 경험하는 에너지 수준에서는 완전히 분리된 현상이지만, 에너지가 매우 높았던 초기 우주에서는 한 가지 현상에 속했다. 힉스 장은 이 같은 전환에서 중요한 역할을 했다. 힉스 장이 변하면서 물리학 법칙도 달라진 것이다.

이는 과학자들이 충돌기를 만드는 중요한 이유이다. 탐지기 안에 만든 작은 공간들이 초기 우주의 극단적 환경을 재연하면 주요 물리학 법칙들에 관한 통찰을 얻어 물리학의 모든 것이 서로 어떻게 맞아떨어지는지를 알게 될 것이라고 기대한다. 기본적인 개념은 모든 가능한 조건에서 이루어지는 입자 상호작용들을 아우를 청사진을 보여주는 포괄적인 수학 이론이 반드시 존재하리라는 것이다. 그렇다면 에너지가 더 높은 상호작용을 일으킬수록 우리는 더 크고 선명한 틀을 볼 수 있을 것이다.

물에 비유해서 알아보자. 가장 근본적인 차원에서 물은 수소와 산소 원자가 특정 배열로 결합된 분자 집합이다. 하지만 우리가 일상에서 경험하는 물은 무색의 액체이거나, 투명한 고체이거나, 때로는 우리가 입은 옷이 수건이었으면 하고 바라게 될 정도로 불쾌한 습기의 형태이다.* 우리는 고성능 현미경으로 물을 이루는 개별 원자를 직접 관찰하지 않더라도 이처럼 다른 형태들을 띠는 물의 행동을 경험함으로써 물이 **본질적으로** 무엇인지 유추할 수 있다. 이를테면 눈송이는 물 분자가 결정으로 배열될 때에 어떤 형태를 띠는지 알려준다. 물이 증발하는 방식은 분자들을 뭉치게 한 결합에 관해서 알려준다. 우리가 물의 한 가지 상(狀)만 경험한다면, 물에 관한 완전한 그림을 볼 수 없고 완전한 이야기를 들을 수 없을 것이다. 마찬가지로 아원자 입자의 상호작용에 관한 우리의 경험은 에너지(또는 온도)에 따라 변하며, 이 같은 변화는 실제로 어떤 일이 벌어지는지에 대해서 더 나은 그림을 그려준다.

입자물리학에서 우리가 알고 싶은 것은 입자들이 어떻게 상호작용을 하고, 어떻게 질량 같은 기본적인 물성이 지금에 이르게 되었는지이다. 질량을 가진 모든 입자의 중요한 특징은 힘이 가해지지

---

* 나는 이 문장을 8월에 노스캐롤라이나에서 썼다.

않으면 가속할 수 없으며 절대 빛의 속도에 이를 수 없다는 것이다. 아주 초기 우주에서 힉스 장의 변화는 약전자기력을 전자기와 약한 핵력으로 나누었고, 이 과정에서 일부 입자들은 힉스 장 자체와 상호작용할 수 있게 되었다(광자나 글루온은 해당하지 않는다). 이 같은 상호작용의 세기가 입자의 질량을 결정한다. 광자는 계속 빛의 속도로 공간을 누비지만, 질량을 가진 입자들은 힉스가 당기는 힘만큼 움직임이 느려진다.

초기 우주에서의 입자들의 행동과 지금의 행동을 비교하는 것은 우리가 기체 상태의 물과 상호작용하는 방식과 액체 상태의 물과 상호작용하는 방식을 비교하는 것과 같다. 증기를 우주 모든 곳에 존재하는 에너지 장인 힉스 장이라고 가정해보자. 증기가 응축하여 물이 되듯이 힉스 장의 물성이 느닷없이 변했다고 상상해보라. 꿉꿉한 습기로만 물을 경험했던 우리에게 액체로 된 물속을 거니는 것은 완전히 다른 경험일 것이다. 힉스 장의 물성이 갑자기 바뀐 것은 물리학 법칙들이 전혀 다른 형태로 응축되는 것과 같았다. 광속으로 마음껏 활보하던 입자들이 어느 순간 힉스 장과 상호작용하면서 속도가 느려졌다. 질량이 생겼기 때문이다.

과학자들은 이 과정을 **약전자기력 대칭 깨짐**(electroweak symmetry breaking)이라고 부른다.

무시무시한 대칭

물리학에서 대칭은 방정식 없이는 몹시 설명하기 힘든 미묘하고 추상적인 개념이지만, 물리학자들이 고민하는 모든 문제에서 빼놓을 수 없는 부분이기 때문에 대충 이야기하고 넘어갈 수 없다. 대칭은 자연의 이론들을 설명할 때뿐 아니라 새로운 이론을 만들 때에도 매우 중요하다. 만물을 지배하는 수학 공식으로 세상을 바라보는 데에 익숙한 사람이라면 이론들을 대칭으로 설명할 수 있다는 생각에 별 반감이 없겠지만, 그렇지 않다면 영 뚱딴지같은 소리처럼 들릴 것이다. 충분히 이해할 수 있다. 그러므로 잠시 대칭을 이야기해보도록 하자. 놀라우리만큼 아름다운 대칭에 대해서 알고 나면 어디에서나 대칭이 눈에 들어올 것이다.

대칭은 거울에서처럼 사물이 똑같아 보이는 현상에 관한 것만이 아니다. 물리학에서 대칭은 패턴에 관한 것으로, 패턴은 근본적인 구조에 관한 깊은 통찰을 제공할 수 있다. 주기율표를 예로 들어보자. 어쩌다가 원소들은 지금 우리에게 익숙한 행과 열을 이루게 되었을까? 화학을 공부해본 사람이라면, 공통점이 있는 원소들끼리 같은 기둥을 이룬다는 사실을 알 것이다. 가령 맨 오른쪽 기둥에 속한 불활성 기체는 모두 화학적 반응을 무척 꺼리고, 바로 옆 기둥에 속한 할로젠족 원소들은 모두 활성이 유난히 높다. 이 같은 패턴은 주기율표가 채 완성되기도 전에 발견되었다. 주기율표를 만든 드미트리 멘델레예프는 아직 원소가 발견되지는 않았지만, 이런 패턴에 따라서 언젠가는 채워져야 할 칸을 남겨두었다.

주기율표 패턴은 전자 오비탈 이론을 가능하게 했고, 전자 오비탈 이론은 아원자 물질의 본질에 관한 발견으로 이어졌다. 과학자들은 끊임없이 자신이 관찰한 현상에서 패턴을 찾아냄으로써 실제로 어떤 일이 벌어지고 있는지를 알려줄 숨겨진 특징을 발견하여 자연에 관한 새로운 이론을 세워왔다. 우리 역시 알게 모르게 항상 같은 일을 하고 있다. 도로의 교통량을 계속 관찰하다 보면, 사람들의 일반적인 출퇴근 시간을 유추할 수 있다. 카펫의 색이 바랜 패턴으로 방에서 어느 곳이 해가 잘 드는지도 짐작할 수 있다(그렇다면 태양계에서 지구와 태양이 어느 방향을 향하는지도 알 수 있다).

입자물리학에서 대칭을 활용하는 것은 새로운 주기율표를 만드는 것과 아주 흡사하지만 구성요소의 크기는 더 작다. 입자들 사이에서 전하, 질량, 스핀 같은 물성이 비슷하게 나타나면 입자의 구성이나 근본적인 힘들과의 관계가 비슷하리라는 힌트가 된다. 물리학자들은 이 같은 패턴에 따라 입자를 배열하여 입자 이론 전체의 특징들을 아우를 대칭을 찾는다.

때로 이 같은 패턴들은 수학적으로 가장 쉽게 발견할 수 있다. 물리학적 과정을 공식으로 나타낸 후에 몇몇 조건들을 달리 하더라도 방정식이 설명하는 물리학적 현상이 변하지 않는다면, 수학적 대칭을 발견한 것이다. 그리고 이 같은 대칭은 방정식으로 설명하려던 입자나 장에 관해서 심오한 무엇인가를 알려줄 것이다.

입자 자체와 입자 사이의 관계를 대칭의 관점으로 보는 방식은 물리학에서 무척 일반적인 연구 방식이어서 수학적 대칭이 이론 자체의 약칭이 되기도 한다. 예를 들면, 전자기 이론은 U(1) 이론으로도 불리는데, "U(1)"이 원으로 도는 회전에 관한 수학 공식 군(group)을 일컫는 약자이고 몇 가지 전자기 공식이 원의 대칭을 나타내기 때문이다.

대칭 깨짐은 환경이 갑자기 변화하여 입자의 상호작용을 설명하던 이론이 대칭성이 낮은 다른 구조를 띨 때에 나타난다. 대칭이 깨지면 방정식의 기호들을 더 이상 같은 방식으로 바꿀 수 없으며, 이 같은 대칭의 변화는 물리적 세계에서 무엇인가의 행동 방식이 바뀌었다는 뜻이다.

물리학에서 다루는 대칭 중에는 추상적이고 수학적으로만 표현할 수 있는 것도 있지만, 일상에서 쉽게 찾을 수 있는 대칭도 있다. 회전 대칭은 무엇인가가 특정 각도만큼 회전해도 회전 전과 같은 모습인 경우를 일컫는다(예컨대 원이나 오각형 별 모양). 병진 대칭은 평행으로 이동해도 같아 보이는 경우이다(가령 긴 말뚝 울타리가 있다면 한 말뚝에서 다른 말뚝으로 이동해도 그 모습은 같다. 또다른 예로 긴 직선은 1인치 움직여도 같은 형태이다). 대칭을 깨려면 환경에 변화를 주어 더 이상 대칭이 이루어지지 않도록 해야 한다. 완벽한 회전 대칭을 이루는 와인 잔 한곳에 립스틱 자국이 생기면, 더 이상 대칭이 아니다. 널 하나가 부서진 말뚝 울타리는 병진 대칭이 아니다. 물리학자들은 학회가 끝나고 열리는 만찬에서도 대칭 깨짐 현상을 관찰한다. 인내심을 발휘하여 음식이 나오기를 기다리는 사람들 앞에 수많은 은식기와 빵 바구니가 놓인 원탁은 회전 대칭을 이룬다. 하지만 누군가가 오른쪽이나 왼쪽으로 손을 뻗어 빵을 집으면 대칭은 깨지고 다른 사람들도 곧이어 빵을 집기 시작한다.*

---

* 나란히 앉은 두 사람이 같은 빵 바구니로 동시에 손을 뻗으면 물리학자들이 위

물리학자들은 어떤 종류의 대칭이든 그 상호작용을 설명하는 방정식을 세울 수 있다. 회전 대칭, 반사 대칭, 병진 대칭을 공식화하는 방법이 있으므로, 당신이 어떤 계를 회전시키거나, 뒤집거나, 움직이더라도 물리학 법칙은 같다. **대단히 훌륭하지만** 안타깝게도 이 책에서는 다루기 힘든 그룹 이론과 추상대수학으로 가장 잘 설명할 수 있는 좀더 미묘한 대칭들도 공식화할 수 있다.

우주의 나이가 0.1나노초가 되었을 때, 약전자기력 대칭이 깨지자 물리적 구조는 근본적인 차원에서 재배열되었다.* 약전자기력이 사라진 지금의 우주에서는 입자의 상호작용이 따라야 하는 규칙들이 완전히 다르다. 전에는 힉스 장이 수증기 형태였지만 이제는 대양을 이룬다.

사실 물에 대한 비유는 완벽하지 않다. 우리가 물속에서 움직일 때에는 저항 때문에 속도가 느려지고 힘을 들이지 않으면 멈추게 된다. 한편 힉스 장과 상호작용하는 질량을 가진 입자들은 시간이 지나도 속도가 느려지지 않는다. 진공에서 움직이는 모든 것은 하던 일을 계속하려고 한다. 질량을 가진 입자는 아주 빠른 속도로(빛의 속도보다는 느리다) 우주를 가를 수 있다. 질량이 있는 입자와 그렇지 않은 입자의 중요한 차이는 질량을 가진 입자는 진공 환경에서

상 결함(topological defect)이라고 부르는 충돌이 일어난다. 이 같은 충돌로 발생한 전이 영역(domain wall)이 우주에 생기고 그 어떤 통제도 이루어지지 않는다면 빅 크런치로 이어진다. 그러므로 나는 항상 다른 사람이 먼저 빵을 집을 때까지 기다린다.

* 앞에서 다룬 이 같은 변화가 초기 우주에 미친 영향은 제2장에서 이미 이야기했다.

미는 힘이 가해져야 속도를 바꿀 수 있지만, 질량이 없는 입자는 어떤 노력도 들이지 않고 빛의 속도로 움직일 수 있다는 것이다. 사실 질량이 없는 입자는 빛의 속도로밖에 이동하지 못한다.

따라서 우리가 원한다면 한동안 꼼짝 않고 앉아 있을 수 있는 것은 약전자기력 대칭을 깨준 힉스 장 덕분이다. 힉스 장은 입자에 질량을 부여하는 데에 그치지 않고 전자의 전하, 입자량 같은 여러 근본적인 자연의 상수들도 결정한다. 지금처럼 힉스 장이 건재하는 물리적 상태를 "힉스 진공" 또는 "진공 상태"라고 부른다. 힉스 장이 다른 값이었거나 대칭이 다른 방식으로 깨졌더라면 우리는 결코 존재할 수 없었을 것이다. 우리가 존재하는 우주에서 질량과 전하를 지닌 입자들은 완벽하게 분자로 배열되어 여러 사물들을 이루면서 생명을 가능하게 하는 화학적 작용을 수행한다. 힉스 장의 값이 달랐다면, 이 정교한 균형이 불가능해져서 어떤 결합도 이루어지지 않았을 것이다. 우리가 존재할 수 있는 것은 힉스가 지금의 값을 가졌기 때문이다.

바로 여기에서부터 상황은 불안정해지기 시작한다.

초기 우주의 극단적인 환경을 재연하는 LHC 같은 실험들은 물리학 법칙들의 본질뿐 아니라 다른 환경에서는 법칙들이 어떻게 될지도 알려준다. 2012년에 물리학자들이 마침내 입자 충돌로 힉스 보손을 만들어서 그 질량을 측정하면서 표준모형의 마지막 퍼즐 조각을 얻었다. 힉스 보손의 발견은 힉스 장의 현재 값과 함께 힉스 장이 취할 수 있는 모든 값을 알려주었다.

다행인 소식은 측정한 힉스 질량이 이제까지 모든 실험실의 시험을 훌륭하게 통과한 표준모형의 합리적이고, 수학적으로 모순이 없는 이론과 완벽하게 일치한다는 사실이다.

나쁜 소식은 이 같은 표준모형과의 일치가 물리적 세계를 지배하는 법칙들이 완벽하게 균형을 이루는 힉스 진공이 안정적이지 않다는 사실을 암시한다는 것이다.

우리의 우아한 이 우주는 어디에선가 빌려온 시간을 살아가는 듯 보인다.

미끄러운 비탈길 우주

지금의 진공이 안정적이지 않을 수 있다는 추측은 새로운 생각이 아니다. 이미 1960년대와 1970년대의 많은 물리학자들이 모든 생명을 파괴할 뿐만 아니라 물질이 일정한 구조를 이룰 가능성조차 말살하는 대붕괴에 관한 논문을 발표했다. 물론 당시에 진공 붕괴는 이를 뒷받침할 실험적 데이터가 없었으므로 방정식만을 토대로 한, 그저 흥미로운 생각에 머물렀다.

지금은 다르다.

진공 붕괴를 이해하려면 우선 장의 값이 어떻게 변할 수 있고 어떤 값을 "선호하는지"를 설명하는 수학적 개념인 **퍼텐셜**(potential)을 알아야 한다. 힉스 장이 계곡과 이어지는 비탈길 위를 구르는 자갈이라면, 퍼텐셜은 비탈길의 형태이다. 계곡 바닥으로 안착하려는 자갈처럼, 힉스 장은 퍼텐셜 값이 최저인 가장 낮은 에너지 상태를 찾아 그곳에 머물면서 그 어떤 일도 일어나지 않기를 바란다. 퍼텐셜은 알파벳 U자 형태로 그릴 수 있는데 U의 바닥이 계곡 바닥이다. 약전자기력 대칭이 깨졌을 때, 지금의 힉스 장을 지배하는 퍼텐셜이 탄생했고, 우리 대부분이 생각하듯이 힉스는 이제 바닥에서 무탈하게 지내고 있다.

문제는 지금 있는 곳이 바닥이 아닐 수 있다는 것이다. 퍼텐셜이 더 낮은 또다른 진공 상태가 있을지도 모른다. 두 바닥이 둥글고 깊이가 서로 다른 W자 형태의 계곡을 떠올려보자. 두 계곡 중에서 더 깊은 계곡은 우리의 힉스 장이 존재하지 않는 곳이다. 이처럼 힉스 퍼텐셜이 더 낮은 또다른 계곡이 있다면, 이제껏 수학적으로 안정적인 개념이던 힉스 퍼텐셜은 우주에 대한 실존적인 위협으로 돌변한다.

힉스 장이 지금의 퍼텐셜에 있기 때문에 우리 우주는 생명이 안락하게 지낼 수 있는 완벽한 곳이 되었다. 자연의 상수들은 결합을 이룬 입자들뿐 아니라 생명을 지탱해주는 견고한 구조들과 탁월하게 조화를 이룬다. 지금의 퍼텐셜보다 낮은 또다른 상태가 가능하다면 이 모든 것이 위험해진다.

그렇다면 힉스 진공은 그저 준안정 상태이다. 당분간만……안정적인……편일 뿐이다. 힉스 장의 퍼텐셜이 계곡 바닥처럼 보이지만, 실은 계곡 벽에 파인 홈인 것이다. 힉스 장은 무척 오랜 시간 동안 홈에 머물며 은하의 성장, 별의 탄생, 생명의 진화, 물리도록 계속되는 슈퍼히어로 영화의 개봉을 지켜봐왔다. 하지만 어떤 큰 소동이 일어나면 가장자리에서 추락하여 진짜 계곡 바닥으로 떨어질지도 모른다. 그렇다면 정말 끔찍한 상황이 펼쳐질 것이다. 어떤 이유에

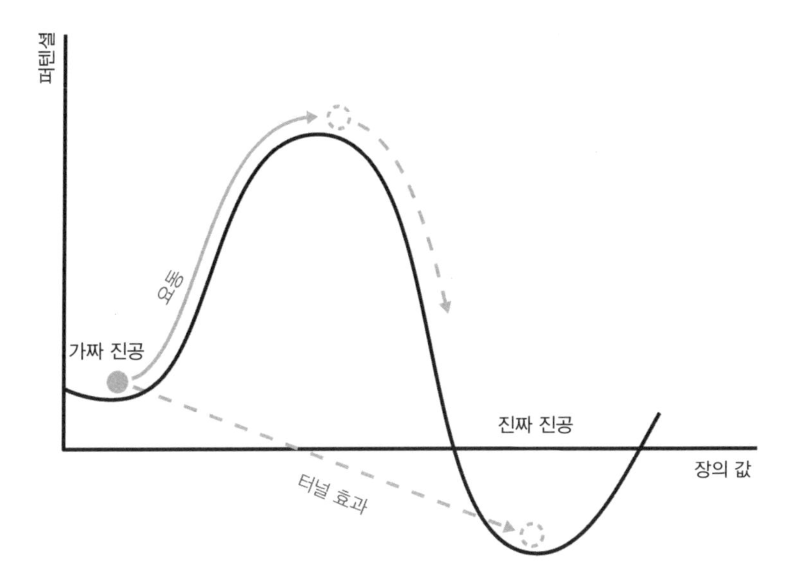

그림 17 가짜 진공 상태의 힉스 장 퍼텐셜 각각의 퍼텐셜 계곡은 우주의 가능한 상태를 나타낸다. 지금의 힉스 장이 더 높은 계곡(가짜 진공)에 있다면, 에너지가 높은 사건(그림에서 "요동"으로 표시)이나 양자 터널 효과를 통해서 다른 상태(진짜 진공)가 될 수 있다. 우리가 가짜 진공 우주에서 살고 있다면 힉스 장이 진짜 진공으로 변할 경우 끔찍한 재앙이 찾아올 것이다.

서 그런지는 곧 아주 생생하게 이야기할 것이다.

안타깝게도 표준모형의 모든 측정과 일치하는 최고의 데이터에 따르면, 힉스 장은 절벽 홈에 박혀 있다. 계곡 바닥에 해당하는 "진짜" 진공이 아닌 이 같은 준안정 상태를 "가짜 진공"이라고 부른다.

가짜 진공에 있는 것이 무엇이 문제일까? 모든 것이 문제일 것이다. 가짜 진공은 좋게 말해서 궁극적인 파괴의 일시적 유예일 뿐이다. 가짜 진공에서는 입자의 존재 능력 자체를 포함한 물리학 법칙들이 언제라도 무너질 수 있는 불안한 균형에 의존한다.

균형이 깨지는 상황이 바로 진공 붕괴이다. 모든 것이 빠르고, 깔끔하며, 고통 없이 완전히 파괴된다.

양자 죽음의 거품

진공 붕괴가 일어나려면 힉스 장이 멀리 이동하다가 "진짜" 진공에 해당하는 퍼텐셜을 찾아 그곳이 안식처임을 깨닫게 될 계기가 있어야 한다.* 에너지가 극도로 높은 폭발이나 블랙홀의 대대적인 마지막 증발이나 심지어 비극적인 양자 터널 현상(이에 대해서는 뒤에서 더 자세히 이야기하자)이 계기가 될 수 있다. 우주 어디에서든 이 같은 사건이 시작되면, 그 어느 곳도 피할 수 없는 파괴의 연쇄작용이 일어난다.

시작은 거품이다.

어떤 사건으로 촉발되든 진짜 진공의 시작은 극히 작은 거품 하나이다. 이 거품 안은 완전히 다른 공간이어서 물리적 현상들이 다른 법칙들을 따르고 자연의 입자들은 재배열된다. 처음 생긴 거품은 무한히 작은 점이다. 하지만 거품은 이미 에너지가 극도로 높은 막으로 둘러싸여 있어서 이것과 닿은 물체는 모두 타버린다.

이후 거품은 팽창한다.

진짜 진공은 가짜 진공보다 안정적인 상태이므로 진짜 진공을

* 물론 그저 퍼텐셜의 지배를 받는 힉스 장에는 무엇인가를 선호하는 의식이 없다. 하지만 기회만 있다면 진짜 진공으로 뛰어드는 성향 때문에 그런 열정이 있는 것처럼 보인다.

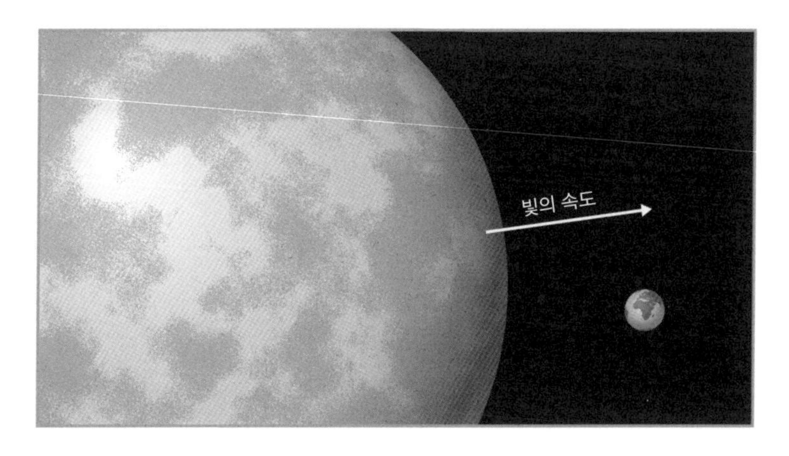

그림 18 진짜 진공의 거품 진공 붕괴가 우주의 어느 한 공간에서 일어나면 거품은 빛의 속도로 팽창하며, 그 경로에 있는 모든 것을 파괴한다.

"선호하는" 우주는 아주 작은 기회라도 주어진다면, 비탈 위를 구르는 자갈처럼 진짜 진공으로 가려고 할 것이다. 거품이 나타나는 순간 주변의 힉스 장은 흔들리며 계곡 바닥을 향한다. 그러면 주변에 아슬아슬하게 균형을 잡고 있던 자갈들이 전부 흔들리면서 산사태가 일어난다. 시간이 흐를수록 더 많은 공간이 진짜 진공 상태에 빠진다. 거품이 지나는 길에 있게 된 불운한 모든 물체는 처음에는 거의 빛의 속도로 다가오는 강력한 에너지 거품 막에 부딪힌다. 이후 원자와 원자핵 안에서 입자들을 가둬두었던 힘들이 더 이상 기능하지 못하면서 완전하고 철저한 분리라고밖에 표현할 수 없는 현상이 일어난다.

어떤 일이 일어나는지 보지 않는 편이 낫다.

사실 먼 곳에서 바라본다면 극적인 어떤 일이 일어나고 있다고 생각할 테지만, 만약 당신이 거품이 생긴 곳 주변에 있다면 알아차리지도 못할 것이다. 빛의 속도로 다가오는 물체는 우리 눈에 보이지 않는다. 우리에게 무엇인가를 경고해줄 빛이 물체와 동시에 도착하기 때문이다. 다가오는 것을 눈치채기는커녕 무엇인가가 잘못되었다는 생각조차 할 수 없다. 만약 거품이 발밑에서 다가온다면 몇 나노초 만에 발을 없애버리기 때문에 뇌가 발이 없어졌다는 사실을 인식하기도 전에 뇌조차 사라진다. 다행히 이 과정에는 고통이 전혀 따르지 않는다. 고통이 신경에 전달되는 속도가 거품이 몸을 분해하는 속도를 따라가지 못하기 때문이다. 그나마 정말 다행이다.

물론 거품은 우리를 없애는 데에 그치지 않는다. 계속 팽창하는 거품의 영역 안에 들어온 모든 행성이나 항성 역시 무엇이 다가오고 있는지 깨닫지 못한 채 우리와 같은 운명을 맞는다. 거품이 집어삼킨 은하들은 전부 소멸한다. 진짜 진공은 우주 전체를 없앤다. 소멸을 모면할 수 있는 영역은 거품의 경계 확장이 우주의 팽창 가속을 따라잡지 못하는 아주 먼 우주뿐이다.

지금 우리가 아무 일 없이 평온하게 차를 마실 수 있는 이 순간, 진공 붕괴가 이미 일어났을지도 모른다. 어쩌면 다행히도 우리 우주의 지평선 너머에서 거품이 생긴 바람에, 거품이 은하들을 삼키고 있는데도 우리가 짐작도 못 하는 것일지도 모른다. 아니면 우주론의 기준에서 볼 때 아주 가까이에 있던 거품이 슬그머니 다가와서 우리가 다음 숨을 내쉬는 순간 우리를 덮칠지도 모른다.

벌집 쑤시기

우리는 진공 붕괴를 걱정하지 않아도 된다. 정말이다. 여기에는 여러 가지 이유가 있다. 몇몇은 당연한 이유이다. 우선 진공 붕괴가 일어난다면 막을 방법이 없다. 그리고 우리는 거품이 다가오고 있다는 사실을 알 길이 없다. 거품과 충돌하더라도 고통은 없다. 우리가 사라진다고 해도 슬퍼할 사람은 전혀 남지 않는다. 그렇다면 굳이 걱정할 이유가 없지 않은가? 진공 붕괴를 걱정하느니 집에 있는 화재경보기의 전지를 점검하거나 동네에 있는 화력 발전소를 폐쇄하라고 항의하는 것이 더 낫다. 그리고 100퍼센트 안심할 수 있는 이유는 아니지만, 나는 진공 붕괴가 일어날 확률이 극도로 낮다고 합리적인 확신을 가지고 말할 수 있다. 최소한 앞으로 수-수-수조 년 동안은 일어나지 않을 것이다.

이론적으로 진공 붕괴가 일어나는 방식에는 몇 가지가 있다. 가장 단순한 방식은 높은 에너지가 발산되는 어떤 사건이 일어나는 것이다. 지진이 일어나서 절벽 홈에 있던 자갈이 계곡 바닥으로 떨어지는 경우이다. 다행히 진공 붕괴를 일으킬 "지진"은 가늠하기도 어려울 만큼 아주 강력해야 한다. 과학자들이 산출한 가장 훌륭한 계산에 따르면, 인류가 이제껏 우주에서 목격한 가장 강력한 폭발보다 훨씬 더 강력해야 하고 거대 강입자 충돌기처럼 인간이 만든 장치가 일으키는 충돌과는 비교도 할 수 없을 정도여야 한다. 당신이 아직도 입자 충돌기에 대해서 걱정한다면, 우주에서 이제껏 일어난 입자 충돌은 거대 강입자 충돌기 같은 장치가 생성하는 에너지보다 훨씬 높았다는 사실을 기억하라. 우리가 아직 존재하고 있다면 물질 간의 인위적인 충돌은 전혀 위협이 되지 않는다는 뜻이다.

진공 붕괴를 직접 일으킬 만큼 높은 에너지를 생성하기가 어려운 이유는 가짜 진공과 진짜 진공 사이에 있는 **퍼텐셜 장벽**의 높이 때문이다. 자갈이 박힌 홈을 주머니 모양으로 만드는 구덩이가 퍼텐셜 장벽이다. 힉스 퍼텐셜의 실제 형태에 관한 과학자들의 최근 추론에 따르면, 더 깊은 진짜 진공 계곡 앞에는 매우 높은 산등성이가 가로막고 있다. 자갈을 밀어서 산등성이를 넘게 하려면(힉스 장을 밀어 퍼텐셜 장벽을 넘게 하려면) 매우 높은 에너지가 필요하므로 우리는 걱정할 필요가 없다.

다만……우리가 사는 우주가 이 같은 규칙들을 따르지 않는다는 사실을 기억해야 한다. 우리 우주는 근본적으로 양자역학을 바탕으로 하고, 만약 당신이 양자역학의 아원자 척도에서 살고 있다면 아주 가끔이기는 하지만 당신도 고체 물질을 아무렇지 않게 통과하여 이동할 수 있다. 당신 앞에 벽이 있더라도 큰 에너지를 들여 뛰어넘지 않아도 된다. 그저 걸음만 옮기면 통과할 수 있다. "당신"이 힉스 장이라면 더더욱 그렇다.

심연으로 가는 터널

양자 터널은 공상과학처럼 들리기도 하고, 물리학자들이 책상 앞에 앉아 도통 알 수 없는 방정식들을 신나게 휘갈기는 난해한 이론처럼도 들리기도 한다. 입자의 정확한 위치나 이동 경로를 절대 알 수 없는 양자역학과 마찬가지이다. 다시 말해서 입자의 움직임을 수학적으로 설명하려면 실험실 한구석에 있던 입자가 세 도시 건너에 있는 커피숍을 거쳐서 실험실 다른 한구석에 도달하는 몹시 이해할 수 없는 경로까지 모두 계산해야 한다. 그렇다고 해서 입자가 실제로 계산대로 움직이는 것은 아니지 않은가?

공교롭게도 입자의 실제 작용에 관한 질문은 놀라울 정도로 답하기 힘들어서 양자역학의 해석에 관한 논의는 수십 년간 계속되고 있다. A 지점과 B 지점 사이를 움직이는 입자가 정확히 어디에 있는지는 여전히 미스터리이며, 공간에 퍼져 있는 파동의 수학을 따르는 입자들을 국부적인 공간을 차지하는 작은 물체들로 측정하는 것이 실제로 어떤 의미인지 역시 난해한 문제이다.

모든 과학자가 동의하는 단 한 가지는 데이터가 말하는 결과이다. 데이터는 통과할 수 없어 보이는 장벽을 통과하는 터널 효과를 입자들이 무척 일상적으로 활용한다는 사실을 명백하게 보여준다. 입자가 실제로 어디에 있든 장벽은 입자를 막지 못한다. 이러한 탈출 기술은 입자의 일반적인 행동이기 때문에 휴대전화나 마이크로프로세서를 설계하는 사람들은 평소에는 정상적으로 행동하던 전자가 이따금 칩의 엉뚱한 부분에서 나타날 수 있다는 사실을 항상 염두에 둔다. 한편 플래시 메모리처럼 입자의 탈출 능력을 역으로 활용하는 기술도 있다. 주사형 터널 현미경은 터널링 효과를 예측하여 마치 수도꼭지로 물방울을 서서히 흘리듯이 전자를 관찰 대상의 표면에 주사하여 각각의 원자 이미지를 얻는다.

전자를 작은 틈에 조심스레 넣거나 절연 장벽을 통과하게 하는 것은 멋진 트릭이지만, 양자 터널 효과가 입자가 아닌 장에도 일어날 수 있다는 사실을 떠올리면 등골이 서늘해진다. 힉스 같은 장이 퍼텐셜 장벽에 가로막혀 있어서 깊은 진짜 진공 계곡과 분리되어 있더라도 터널 효과로 장벽을 통과할 수 있다. 그렇다면 쾌적한 우리 우주와 궁극적인 우주 붕괴 사이의 막은 그다지 견고해 보이지 않는다.

(그나마) 다행인 소식은 양자 터널 효과처럼 불가사의한 현상도 최소한 예상 발생 주기 측면에서는 일정한 규칙들을 따른다는 것이다. 터널 현상이 일어날 확률은 계의 물리적 특성을 바탕으로 하므로 일정 기간 동안 어떤 빈도로 일어날지 꽤 정확하게 예측할 수 있다. 마구잡이로 일어나는 것이 아니다. 양자역학을 완벽하게 이해하거나 해석하는 것은 어렵지만 최소한 계산은 할 수 있다.

그러나 우리가 계산하는 "규칙들"은 확률 이상의 확신을 주지는 못한다. 힉스 장이 앞으로 30초 동안 장벽을 통과해서 당신 바로 옆에서 양자 죽음의 거품을 만들어 우주 전체를 상상하기도 어려울 정도로 격렬하게 파괴하여 영원히 없애지 않을 것이라고 장담할 수는 없다. 우리가 말할 수 있는 것은 이 시나리오의 가능성이 극도로 낮다는 것이다("앞으로 30초" 동안에는 그러하다는 뜻이다. 우주의 진공 상태가 실제로 준안정적이라면, 엄밀히 말해서 거품은 결국 언젠가 나타난다).

이제까지 나온 가장 정확한 계산에 따르면, 지금 우주의 쾌적한 진공 상태는 가까운 미래에는 급격히 재배열되지 않을 것이다. 내가 이 책을 쓰고 있는 이 순간, 가장 최근에 나온 계산에 따르면, 우리에게는 10^{100}년 이상의 시간이 있다. 그전에 이미 우리는 열 죽음을 겪거나 운이 아주 나쁘면 빅 립으로 갈기갈기 찢길 것이다. 그때가 되면 고통 없는 즉각적인 소멸도 그다지 나쁘게 느껴지지 않을 듯하다.

따라서 나는 진공 붕괴가 지금 당장 일어나지는 않을 것이라고 장담할 수는 없다. 우리의 태양계나 우리 은하 반대편 또는 다른 은하에서 이미 생성되어 빛의 속도로 팽창하는 거품이 조용히 우리에게 다가오고 있지 않다고도 말할 수 없다. 하지만 당신이 품은 두려움에 감히 우선순위를 정하자면, 진짜 진공의 거품과 마주하는 것보다는 벼락을 맞거나, 갑자기 자동차에 치이거나, 흥분한 소 떼의 공격을 받거나, 유성과 충돌할 가능성이 훨씬 크다.

그러나 주목해야 할 한 가지 사실이 더 있다.

앞에서 말했듯이, 인위적으로 일으킨 고에너지 입자 충돌로는 진공 붕괴 거품을 만들 수 없으며 자발적인 터널 효과는 일어날 확률이 매우 낮으므로, 아예 듣지 않았다고 생각하는 편이 낫다. 하지만 최근 물리학자들은 진공 붕괴로 우주가 파괴될 또다른 방법을 밝혀냈는데 무척 멋진 현상이라는 사실을 인정할 수밖에 없다.

작지만 치명적인

루스 그레고리, 이언 모스, 벤저민 위더스가 2014년에 진공 붕괴에 관한 과거의 연구를 바탕으로 작성한 논문이 나의 눈길을 사로잡았다. 자발적인 진공 붕괴는 몹시 느리게 일어나지만 블랙홀이 속도를 높여 상황을 훨씬 흥미롭게 만들 수 있다는 내용이었다. 세 저자는 입자 크기의 블랙홀은 바로 옆에서 진공 붕괴가 일어날 가능성을 극적으로 높이므로, 작은 블랙홀이야말로 무척 위험하다고 주장했다. 어쩌면 우리에게 남은 시간은 10^{100}년이 아닐지도 모른다.

작은 블랙홀이 작용하는 방식은 습도가 높은 방에서 먼지 입자가 주변 습기를 응축하거나 초고층 대기에서 구름이 형성되는 방식과 비슷하다. 먼지 입자는 먼지 입자가 차지하는 지점과 주변을 다르게 만들어 응축 현상을 더 쉽게 만드는 **핵생성 지점**(nucleation site)이다. 구름과 물의 비유로 돌아가서, 물 분자가 먼저 결합할 무엇인가가 있다면 서로 결합이 쉬워진다. 따라서 불순물은 아무 일도 일어나지 않았을 상황에 특정한 연쇄반응을 일으킬 수 있다. 초소형 블랙홀은 진짜 진공 거품의 핵생성 지점이 될 수 있는데, 다만 크기가 아주 작아야 한다.

다행히도 현재 인류의 중력 물리학 지식에 따르면, 초소형 블랙홀은 만들기가 쉽지 않다. 일반적으로 블랙홀은 수명을 거의 다한 거대한 항성이 태양보다 질량이 더 커질 때에 형성된다. 이렇게 생성된 블랙홀은 물질을 끌어당기거나 다른 블랙홀과 합쳐지면서 질량이 훨씬 커지지만, 수축은 완전히 다른 문제이다. 블랙홀은 호킹 증발을 통해서만 질량을 잃을 수 있고(제4장 참조), 이는 아주 오랜 시간이 걸린다. 태양처럼 질량이 큰 블랙홀의 기대 수명은 약 10^{64}년이다. 수명이 끝나가는 블랙홀은 진공 붕괴를 일으킬 만큼 작아지겠지만, 우리가 이 상황을 심각하게 고민하기에는 무척 많은 시간이 남아 있다. 초기 우주에서는 뜨거운 빅뱅의 극단적인 밀도로 인해서 초소형 블랙홀이 형성되었을 것이라는 가설도 있지만, 아직 이에 대한 어떤 증거도 없다. 실제로 초소형 블랙홀이 만들어져서 진공 상태를 불안정하게 했다면, 우리는 지금 존재하지 않을 것이다. 그러므로 만약 우리가 진공 붕괴의 가능성을 믿는다면, 우리가 존재하는 한 초기 우주에 초소형 블랙홀이 존재했다는 가설은 모순이 된다.

몇몇 과학자들은 그저 재미로 초기 우주 이후로 존재하지 않았을 초소형 블랙홀을 만들 방법이 있는지 궁리하고 있다. 초소형 블랙홀을 만드는 것은 새로운 생각이 아니다. 게다가 초소형 블랙홀은 끔찍하리만치 귀여울 뿐 아니라 이 작은 괴물은 중력이 어떻게 작용하는지, 블랙홀이 실제로 차가운 증발을 일으키는지, 우리가 보지 못하는 다른 공간 차원이 정말로 존재하는지 알려줄 것이다.

수년간 물리학자들은 입자 충돌기 데이터를 꼼꼼히 검토하면서 양성자들이 좁은 공간에서 충돌하면서 일으킨 높은 에너지가 그 공간을 초소형 블랙홀로 붕괴시킨 징후를 찾고 있다. 진공 붕괴 가능성을 고려하지 않는 기존 사고방식을 따른다면, 이렇게 만들어진 블랙홀은 분명 위험하지 않다. 이론상 인공 블랙홀은 호킹 복사로 곧바로 증발한다. 블랙홀이 증발하지 않더라도 아주 짧은 시간에 상대론적 속도로 멀리 날아가버린다. 입자는 절대로 완벽한 타이밍에 완벽한 타깃에 맞추어 충돌시킬 수 없으므로 입자들이 멈추지 않을 것이기 때문이다. 더군다나 입자 충돌기에서 일어나는 충돌이 초소형 블랙홀을 만들 수 있으려면, 아원자 입자가 느끼는 중력의 힘이 아인슈타인의 중력 법칙이 제시하는 힘보다 커야 한다. 과학자들이 아는 한 이 같은 일이 일어날 수 있는 유일한 경우는 또다른 공간 차원이 있을 때이다. 이에 대해서는 다음 장에서 자세히 이야기하겠지만, 우선 간단하게 설명하자면 우리에게 익숙한 3차원 공간보다 더 많은 차원이 존재하는 곳에서는 아주 작은 척도에서 중력이 미세하게 증가하므로 거대 강입자 충돌기(LHC) 충돌로 인해서 작은 블랙홀이 만들어질 수 있다.

그러므로 LHC에서 블랙홀을 만들 수 있다면, 우주에는 우리가 생각한 것보다 많은 공간 차원이 있다는 증거가 된다. 그렇다면 흥미진진한 새로운 물리적 증거들을 찾는 물리학자들에게 이는 더할 나위 없는 반가운 소식이다! 물론 LHC로 만들려는 작은 블랙홀이 진공 붕괴를 일으켜 우주를 종말로 몰아넣는다면 무척이나 안타깝겠지만.

다행히 그럴 일은 없을 것이다. 물리학자들은 거의 절대적으로 확신한다. 물리학자들이 끔찍한 일을 저지를 수 없는 가장 큰 이유 중의 하나는 앞에서도 말했듯이, 우주선은 충돌기가 일으키는 어떤 충돌보다 강력한 충돌을 일으킬 수 있기 때문이다. 우리가 양성자들을 충돌시켜서 블랙홀을 만들 수 있다고 해도 우주는 이미 셀 수 없을 만큼 같은 일을 반복해왔다. 하지만 보라! 우리는 여전히 존재하지 않는가! 그렇다면 블랙홀은 장소에 상관없이 마구잡이로 만들어지는 것이 아니거나 만들어지더라도 위험하지 않다는 뜻이다.

또다른 이유는 초소형 블랙홀이 가설상으로라도 위험해지려면 특정 질량 한계를 넘어야 하기 때문이다. 입자 충돌기가 만들 수 있는 블랙홀의 질량은 그 한계보다 훨씬 낮으며 우주에서 일어나는 수많은 충돌도 그러하다. 또 다행인 일은 몇몇 과학자들이 우리의 존재와 더불어 이 같은 질량 한계를 근거로 삼아 다른 공간 차원이 존재한다고 해도 그 크기가 제한적일 것이라고 주장한다는 사실이다*(다양한 물리학 이론을 시험하기를 즐기는 우주론자인 나로서도 우주의 종말이 일어나지 않을 것이라는 가능성을 데이터 기준으로 삼는 일은 언제나 즐겁다).

그렇다면 초소형 블랙홀은 차치하고, 진공 붕괴와 관련하여 우리의 현재 상황은 어떠할까? 이제까지 살펴본 모든 우주 종말 가능성은 최소한 아주 먼 미래의 일이므로 우리가 모두 떠난 뒤에 우리를 대신할 알 수 없는 인류 후 종족의 걱정거리라고 안도할 수 있다. 한편 진공 붕괴는 확률이 천문학적으로 낮기는 하지만 엄밀히 말해서 언제라도 일어날 수 있다. 그리고 그 영향은 우리가 감사해야 할 만큼 극적이다.

1980년에 이론물리학자 시드니 콜먼과 프랭크 드 루치아는 진짜 진공 거품 내부가 전혀 다른 (그리고 치명적인) 입자물리학적 배열을 띨 뿐만 아니라 중력도 불안정하다는 사실을 수학적으로 입증했다. 두 이론가는 거품이 생성되는 즉시 그 안에 있는 모든 것들이 중력으로 인해서 몇 마이크로초 안에 붕괴할 것이라고 설명했다. 아래는 그들의 글 일부이다.

---

* 여기에서 말하는 "몇몇"은 2018년에 「물리학 리뷰 D(*Physical Review D*)」에 논문을 발표한 나와 내 동료 로버트 맥니스이다. 무척 재미있는 논문이었다.

마음 아픈 일이다. 우리가 가짜 진공에서 살고 있을 가능성을 떠올리면 결코 기쁠 수 없다. 진공 붕괴는 궁극적인 생태적 재앙이다. 새로운 진공에서는 자연의 상수들이 다르다. 진공 붕괴 후에는 우리가 아는 생명뿐 아니라 우리가 아는 화학도 불가능하다. 그러나 새로운 진공이 존재하는 동안 우리가 아는 생명은 아니더라도 최소한 다른 구조들이 즐거움을 누릴 거라는 가능성은 항상 금욕적인 안도를 선사했다. 이제 이 가능성은 사라졌다.*

알지 못함의 기쁨

물론 갖가지 극단적인 물리학 현상을 조합한 진공 붕괴는 비교적 상당히 새롭고 무척 파격적인 개념이어서 앞으로 몇 년 동안 사람들의 관점이 크게 바뀔 가능성은 다분하다. 과학자들이 더 철저하고 면밀하게 계산을 하다 보면 지금과는 다른 답이 나올 수도 있다. 진공 붕괴에 관한 질문들은 너무나 어렵고 복잡해서 합의에 이르기까지는 아직 갈 길이 멀다.

우리가 누리는 진공 상태가 실제로 준안정적이라고 결론이 나온다면, 우주 인플레이션 이론과 모순이 발생할 수 있다. 인플레이션 동안 일어난 양자 요동이나 이후 발생한 열은 우주의 첫 순간에 진공 붕괴를 일으켜서 우리의 존재를 불가능하게 만들기에 충분했다.

* 이 글은 내가 이제껏 학술지에서 본 가장 아름다운 물리학 서정시 가운데 한 편이다.

당연히 그런 일은 일어나지 않았다. 그렇다면 초기 우주에 관해서 우리가 아직 모르는 사실이 있거나 진공 붕괴는 애초부터 불가능한 현상이었다는 뜻이다.

당신이 초기 우주 이론들을 믿는지 믿지 않는지와 상관없이, 진공 붕괴를 얼마나 진지하게 받아들이는지는 우주에 관한 전체 그림을 설명하지는 못하는 표준모형을 얼마나 신뢰하는지에 따라서 달라진다. 양자역학과 일반상대성의 부조화, 암흑 물질, 암흑 에너지는 우주에 우리가 이제까지 알아낸 것보다 더 많은 비밀들이 있음을 암시한다. 어떤 이론일지 아직은 모르지만, 앞으로 표준모형을 대신할 이론은 우리를 양자 죽음의 거품에 대한 조금의 걱정에서라도 해방시켜줄지 모른다.

아니면 현재의 기본 물리학을 확장하면 완전히 새로운 우주 종말 방식들이 발견될지도 모른다. 또다른 공간 차원들이 존재할 가능성은 물리학자들에게 충돌기로 초소형 블랙홀을 만들 수 있을지도 모른다는 희망을 심어줄 뿐만 아니라 우주를 미지의 새로운 영역으로 확장할 수도 있다. 지도 가장자리에 닿은 탐험가처럼 우리는 우리가 무엇을 찾게 될지 알지 못한 채 그곳에 도달할 것이다. 더 높은 공간 차원은 중력 이론이 지닌 오랜 문제들을 해결해줄지도 모르지만, 점차 커지는 우주 지도의 가장자리에 괴물이 숨어 있을 수 있다고 경고해줄지도 모른다.

제7장

바운스

햄릿 : 아, 난 호두껍질에 갇히더라도 악몽만 꾸지 않으면
무한한 공간의 제왕이라고 생각할 수 있다.
—윌리엄 셰익스피어, 『햄릿(*Hamlet*)』

협정 세계시(UTC) 시간으로 2015년 9월 14일 오전 9시 50분 45초에 당신은 아주 잠깐이나마 키가 조금 자랐다.

태양보다 질량이 각각 30배나 큰 두 개의 블랙홀이 격렬하게 합쳐지면서 시작된 중력파 물결의 마루가 13억 년 동안 우주를 가르며 공간을 왜곡하다가 바로 그 시간에 우리를 지났다. 양성자 너비의 100만 분의 1도 채 되지 않을 만큼 키가 자란 당신은 느끼지 못했겠지만, 레이저 간섭계 중력파 관측소(LIGO)의 물리학자들은 알아차렸다. 중력파의 첫 탐지는 수십 년 동안의 연구, 기술 발전, 그리고 실험물리학 역사상 가장 정밀한 장치가 이룬 쾌거였다. 마침내 시공간에서 발견된 이 물결은 아인슈타인의 일반상대성이론을 궁극적으로 뒷받침하는 증거로 환영받았다.

그러나 중력파 탐지에서 더 중요한 측면은 천문 관측의 새 시대

를 연 것이었다. 중력파의 발견으로 우주 관측 방식은 완전히 새로 워졌다. 그전까지는 우주 먼 곳에서 발산되는 빛이나 고에너지 입자를 모아 관측했지만, 이제는 공간의 진동 자체를 감지할 수 있게 되면서 실재의 근본을 흔들 수 있는 우주 먼 곳의 혼란을 관찰할 창이 열렸다.

첫 탐지 이래 과학자들은 중력파 천문학을 통해서 블랙홀과 중성자 별의 나선 궤도 운동과 격동적인 병합을 관측하며 중력의 작용을 그 어느 때보다도 정확하게 측정하고 있다. 하지만 중력파는 더 중요한 현상의 핵심이기도 하다. 우주의 형태와 기원에 관한 새로운 관점을 제공하고 우주 바깥에 정말 무엇인가가 있을지를 알려줄 것이다. 그 무엇인가는 만물을 무참히 파괴할 수도 있다.

참을 수 없는 중력의 약함

사람들은 이미 오래 전에 중력에 어떤 문제가 있다는 사실을 알았다. 효과가 지나치게 뛰어나다는 것이다. 아인슈타인의 일반상대성은 이제까지 시험한 모든 상황에서 완벽했다. 수십 년 동안 물리학자들은 아인슈타인 이론의 간단한* 방정식들이 깨질 수밖에 없는 상황을 찾으려고 애써왔다. 블랙홀 가장자리, 중상자 별 중심의 입

* "간단하다"는 말은 관점에 따라서 다를 듯하다. 일반상대성 방정식을 다루려면 물리학이나 수학을 전공하는 대학원생이 배우는 미분기하학을 이해해야 한다. 하지만 미분기하학을 이해하면, 일반상대성 방정식들은 유리 공예 작품처럼 우아하리만큼 투명하다.

그림 19 중력파가 통과할 때에 일어나는 영향 중력파를 정면으로 맞은 공간은 수직으로는 늘어나고 수평으로는 축소되며, 파동 마루가 지나면 반대 현상이 일어난다. 우리 몸이 파동이 지나는 길에 있다면, 파동이 지나면서 몸이 길어지고 홀쭉해지다가 짧아지고 넓어지는 주기가 반복된다. 키가 커지는 정도는 양성자 너비의 100만분의 1 수준에 불과하다.

자 무리 같은 극단적인 영역에서라면 방정식에 틈이 생길 것이 분명하다고 생각했다. 과학자들은 아직 어디에서도 찾지 못했지만 어딘가에는 틈이 있을 것이라고 여전히 확신한다.

일반상대성을 의심하는 데에는 여러 합당한 이유들이 있다. 중력은 다른 힘들에 비해서 무척 특이하다. 수학적 관점에서 다른 힘들과 전혀 다르게 보일 뿐만 아니라 지나치게 약하다. 물론 은하나 블랙홀처럼 질량이 큰 물질이라면 무척 강해 보인다. 하지만 일상에서 우리가 경험하는 힘들 중에서는 가장 약하다. 우리가 커피잔을 들 수 있는 것은 지구 전체가 끌어당기는 중력보다 우리 힘이 세기 때문이다. 원자들을 결합하는 원자력이나 핵력에 대해서 중력이 아주 조금이라도 대항할 수 있으려면, 태양 전체의 질량을 도시 하나의 크기로 압축해야 한다.

힘들을 비교하는 것은 서로 다른 세기를 가늠하기 위해서만이 아니다. 에너지가 극단적으로 높은 환경에서는 모든 힘들이 한 가지 힘의 서로 다른 측면일 뿐이라는 개념은 물리적 작용을 이해하는 데에 중요한 열쇠로 여겨진다. 우리는 입자물리학의 모든 힘과 중력을 통일해서 만물을 설명하는 궁극적인 만물의 이론이 있을 것이라고 기대한다.

그러나 아직 중력은 영 어울리려고 하지 않는다. 약전자기력(전자기와 약한 핵력의 조합)은 실험으로 입증된 탄탄한 이론이다. 약전자기력과 강한 핵력을 통일한 대통일 이론 역시 무척 희망적인 여러 힌트들이 있다. 하지만 약하디약한 중력을 끌어들이면 전체 그림이 틀어진다. 게다가 중력과 (중력 외의 모든 기본 힘들을 설명하는) 양자역학은 블랙홀 가장자리에서 일어나야 하는 상황을 비롯한 여러 예측에서 명백하게 모순된다. 중력까지 통일할 방법을 찾는다면 엄청난 진척을 이룰 수 있을 것이다.

이를 위해서는 몇 가지 선택지가 있다. 가장 쉬운 선택은 통일 개념 자체를 포기하고 중력을 다른 물리학 개념들과 별개로 작용하는 고유한 이론으로 생각하는 것이다. 만물의 이론이 없을 가능성은 분명히 존재하고, 실제로 그렇다면 모든 조각들은 결코 맞춰지지 않을 것이다. 하지만 물리학자로서 나는 이 선택이 영 탐탁지 않다. 따라서 **존재가 위협받을 때에만 유리를 깨고 열람하시오**라고 적은 유리장에 처박은 뒤에 잠가두는 편이 낫겠다.

훨씬 매력적이고 흥미로운 생각은 우리의 중력 이론이 문제이므로 일반상대성을 다른 이론으로 대체하면 모든 조각들이 맞춰질 것이라는 추측이다. 많은 과학자들이 이 같은 방향을 향해 열정적으로 참신한 시도를 하고 있다. 예컨대 끈 이론과 고리 양자 중력으로 유명한 양자 중력 이론들은 입자물리학과 중력을 끈으로 묶어 통일할 방법으로, 이론가들 사이에서 주목을 받고 있다. 끈이 아닌 고리일 수도 있다. 무슨 이야기인지 어느 정도 감이 올 것이다. 각각의 시나리오에 등장하는 중력 이론은 힘이나 공간의 휘어짐이 아닌 입자와 장을 통해서 양자적으로 설명한다. 그리고 이 같은 입자와 장들은 쿼크, 전자, 광자를 포함한 아원자 세계의 상호작용을 설명하는 양자장 이론의 입자와 장들과 훌륭하게 조화를 이룬다. 이 그림에서 중력은 중력자(graviton)라는 입자가 오가며 생성된다. 광자들이 물체 사이를 오갈 때에 전기장이 생성되는 원리와 비슷하다. 그리고 오늘날 우리가 시공간의 확장과 수축으로 추론하는 중력파 역시 중력자의 파동과 같은 성질을 보여주는 움직임으로 볼 수 있다.

안타깝게도 물리학자들은 수십 년 동안 수많은 연구와 복잡한 계산을 계속했지만 어떤 이론에도 합의를 이루지 못했다. 어떤 개념도 입자 실험으로 입증되지 않았을 뿐만 아니라 실험 자체가 가능할지도 불투명하다. 가장 이상적인 방식은 두 가지 이론을 세운 다음 거대 강입자 충돌기(LHC) 같은 실험들에서 나타날 차이를 예측하는 것이다. 하지만 LHC가 만들 수 있는 에너지보다 훨씬 높은 에너지에서만 그 효과가 분명해지는 이론들을 구별하기란 무척 어렵다. 따라서 물리학자들은 잠재적 우주들의 전체 범위를 좁히는 추상적인 주장에서부터 실험적 증거가 절대 나오지 않을 이론들을 진척시키기 위한 철학적 논의에 이르기까지 여러 해결책을 제안하고 있다.

새로운 데이터에 희망을 거는 우리가 만물의 이론의 실마리를 찾을 가능성이 가장 높은 곳은 우주론, 특히 초기 우주에 대한 연구일 것이다. 엄청나게 높은 에너지에서 일어나는 입자 상호작용에 관한 데이터가 필요하다면, 빅뱅을 연구할 새로운 방식을 찾는 편이 태양계 크기만 한 입자 충돌기를 건설하는 것보다 쉽다.

우리는 이미 그러한 방향으로 나아가고 있다. 현재까지 표준모형(또는 조금 수정한 표준모형) 내에서 설명할 수 없는 물리학적 현상은 그다지 많지 않다. 암흑 물질과 암흑 에너지 같은 중요한 현상들은 강력한 관측 증거들이 있다. 하지만 모든 증거들은 우주론과 천체물리학에서 비롯된다. 앞으로 이론들이 나아가야 할 방향은 이 같은 불가사의한 우주의 구성요소들의 정체와 작용 방식을 제시하는 것이어야 한다.

물질과 반물질의 기이한 불균형 역시 우리를 우주론으로 향하게 한다. 지금의 이론들은 물질과 반물질이 같은 양으로 존재해야 한다고 말하지만, 우리의 일상 경험과 우리가 무엇인가를 건드리더라도 스스로 소멸하지 않는다는 사실은 물질의 양이 반물질의 양보다 상당히 많다는 사실을 암시한다. 왜 이런 일이 일어나는지는 여전히 미스터리이지만, 이 같은 비대칭이 처음 일어난 초기 우주를 더욱 깊이 연구하다 보면 그 실마리를 얻을 수 있을 것이다.

우리가 만물의 이론을 위해서 어떤 데이터를 연구하든, 우리는 두 가지 상호보완적인 접근법을 적용해야 한다. 하나는 기존 물리학 이론에 부합하지 않는 이미 관찰된 자연 현상을 연구하여 더 나은 새로운 이론을 세우는 것이다. 다른 하나는 기존의 이론을 깨는 것이다. 아직 시험해보지 않은 가상의 극단적 상황을 설정한 뒤에 해당 이론이 여전히 유효한 데이터를 생성하는지 새로운 방식으로 살펴본다. 물리학의 발전은 거의 항상 이 두 가지 접근법의 조합으로 이루어진다. 일상에서 아무 문제 없이 작동하는 뉴턴의 중력에서 아인슈타인의 일반상대성으로의 이동도 그러했다. 비탈을 구르는 블록에 일반상대성을 적용하는 것은 전혀 무의미하지만, 우주에서 질량이 극도로 큰 물체 주변에서 일어나는 빛의 휘어짐이나 태양계의 중력 우물 깊은 곳에서 나타나는 수성 궤도의 미세한 변화는 일반상대성 없이 설명할 수 없다.

뉴턴의 중력 이론은 다른 이론으로 대체되어야 했기 때문에 우리는 더 나은 일반상대성으로 옮겨왔다. 이제는 일반상대성에서 더 원대한 이론으로 나아가야 할 때이다.

그러나 일반상대성은 우리의 이 같은 노력에 강하게 저항해왔기 때문에 대신에 우리는 우주 전체를 재배열해야 할지도 모른다.

우주 만들기

「스타트렉: 더 넥스트 제너레이션」의 고전적인 에피소드 중 하나에서 크러셔 박사는 온갖 복잡한 일이 벌어진 뒤에 알 수 없는 흐릿한 거품에 갇힌 우주선 안에서 유일하게 살아남은 인간이 된다. 나머지 선원들이 갑자기 사라지거나 센서의 계기가 느닷없이 마음대로 작동하는 이상한 일들이 벌어지자, 그는 자신이 환각 상태일 수 있다고 생각한다. 하지만 검진에서 아무런 이상도 발견되지 않자 크러셔 박사는 다음과 같은 논리적인 결론을 내린다. “내게 아무 문제가 없다면 우주에 문제가 있는 거야!” 실제로 그녀의 예측이 맞았다

(결론을 유출해서 미안하지만, 이 에피소드는 1990년에 나온 것이므로 무려 30년 전 이야기이다).

한동안 일부 물리학자들은 중력이 이상하리만큼 약하다는 사실에 대해서 비슷한 결론을 내렸다. 중력의 세기에는 아무 문제가 없을지도 모른다. 우주에 문제가 있어서 중력이 실제보다 약해 보이는 것일지 모른다.

무엇이 중력을 약해 보이게 할까? 답은 놀라우리만큼 시시할 수 있다. 중력이 새어나가기 때문이다. 또다른 차원으로 말이다.

어떻게 된 일인지 자세히 이야기해보자. 잘 알다시피 우리 우주는 일반적으로 3차원(동에서 서, 남에서 북, 위에서 아래) 공간으로 생각할 수 있다. 한편 상대성이론에서는 시간도 차원으로 분류하므로 어떤 위치를 이야기할 때, 4차원의 시공간(공간상의 지점과 과거-미래 연속에서의 특정 순간)으로 이야기한다. 또다른 큰 차원들이 존재하는 시나리오에서는 우리가 접근할 수 없는 또다른 방향(혹은 방향들)이 있다. 우리의 시공간에서 공간 부분은 전부 3차원 막인 "브레인(brane)"에 한정되지만, 더 큰 공간은 인간의 한정적인 뇌로는 수학적으로만 개념화할 수 있는 새로운 방향(혹은 방향들)으로 뻗어나간다. 여기에서 짚고 넘어가야 할 점은 "또다른 큰 차원"에서 "큰"은 오해의 소지가 있는 표현이라는 것이다. 우리 우주가 또다른 차원을 가진다면, 우리에게 익숙한 3차원에서는 사실상 무한하지만, 새로운 방향들에서는 1밀리미터 이상 확장하지 않을 것이다(커다란 아주 얇은 종이를 떠올려보자. 종이는 엄밀히 말해서 3차원이지만 첫 번째 차원과 두 번째 차원이 세 번째 차원보다 훨씬 크다).

하지만 원자조차 크게 보이는 아주 짧은 거리를 측정하는 데에 익숙한 입자물리학자에게 밀리미터는 킬로미터만큼 긴 거리이다. 따라서 우리의 브레인 바깥에 있는 또다른 공간 차원은 큰 규모를 뜻하는 "벌크(bulk)"로 부를 수 있다.

이 같은 시나리오에서는 입자물리학과 중력이 여전히 서로 다르게 행동하지만, 이는 그 고유의 힘 때문이 아니다. 차이는 전자기, 강한 핵력, 약한 핵력으로 이루어진 입자물리학의 모든 힘들이 브레인에만 존재한다는 것이다. 세 가지 힘에는 크기가 더 큰 고차원의 벌크는 존재하지 않는다. 한편 중력은 제한이 없다. 중력은 시공간에 직접 작용하고 여기에는 우리의 3차원 브레인을 벗어나는 시공간도 포함된다. 따라서 우리 우주에서 질량을 가진 물체가 생성하는 중력은 잉크 자국이 종이에 스며들며 흐려지듯이 원래의 세기가 벌크로 새어나가면서 미세하게나마 감소한다. 새로운 차원들이 기존의 차원들보다 작다는 사실은 이 같은 유출이 밀리미터 거리에서 물체의 중력 효과를 측정하지 않는 한 실제로 이를 알아차리기가 힘들다는 것을 의미한다. 우리는 우리 옆에 있는 어떤 물체가 약 1밀리미터 멀어지더라도 몸이 물체를 끌어당기는 힘이 감소한다는 사실을 알 수 없다.

그러나 우리가 밀리미터 단위의 측정법을 알아낸다면, 중력 감소가 표준 방정식들이 예상한 대로 이루어지는지 시험할 수 있다. 잉크와 종이 유추로 돌아가보자. 종이 한 장 위에 1갤런의 잉크를 쏟으면, 그 양은 여전히 1갤런처럼 보일 것이다. 하지만 한 방울 단위로 그 양을 측정해보면, 잉크 일부가 종이 섬유로 스며들어 사라진 사실을 알 수 있다. 또다른 차원들의 너비가 밀리미터 단위이고 밀리미터 척도에서도 중력의 변화를 측정할 수 있다면, 다른 차원의 벌크로 새어나가는 중력의 양을 우리가 감지하려는 양과 비교할 수 있게 된다. 무엇인가가 새어나갈 곳이 없는 공간인데도 중력이 일반상대성이 예측하는 것보다 빠른 속도로 감소한다면, 무엇인가가 잘못되었음이 분명하다.

현재까지 중력이 약한 이유에 대해서 별다른 합의도 이루어지지 않았을 뿐 아니라, 아주 작은 척도에서 중력을 측정하는 기술이 점점 발달하고 있지만 중력이 새어나간다는 확실한 증거는 발견되지 않고 있다. 이론적인 측면에서 또다른 차원의 존재는 무척 매력적이지만, 아직 우리 우주의 확실한 특징이기보다는 흥미로운 가능성에 불과하다. 게다가 또다른 차원을 찾고자 하는 연구자들의 의욕도 점차 줄어들고 있다. 중력이 다른 곳으로 새어나가기 때문에 약하다는 가장 설득력 있는 이론들 중 대부분이 우리가 이미 검출했어야 할 값이 나오지 않아 배제되었기 때문이다. 그런데도 연구를 계속하는 이유는 또다른 차원들이 정말 존재한다고 밝혀진다면 중력과 우주에 관한 완전히 새로운 관점을 우리에게 선사할 것이기 때문이다. 우리 우주 전체가 좀더 큰 시공간에 담긴 브레인 위에 있다면, 또다른 우주들이 존재할 가능성이 발생한다. 또다른 우주들은 우리 우주가 있는 브레인 주변의 또다른 브레인에 있으면서 우리의 중력에 영향을 미치고 있을지도 모른다. 더 놀라운 것은 브레인 사이의 상호작용이 우리 우주의 기원에 관한 새로운 시나리오를 제시할 수 있다는 사실이다. 그리고 궁극적인 종말의 시나리오도 제시할 것이다.

이제 에크파이로틱 우주(ekpyrotic cosmos)를 이야기해보자.

우주의 손뼉

내가 우주의 기원(과 운명)에 관한 에크파이로틱 시나리오를 처음 접한 것은 에크파이로틱 우주 이론의 창시자 중 한 명인 케임브리지 대학교 닐 투록 교수의 무척 흥미로운 물리학 강의에서였다. 그리고 두 번째는 외계인에 관한 공상과학 이야기에서였다. 초기 우주 물리학의 복잡한 문제들을 해결할 목적으로 만들어진 난해한 이론이 소설에 등장하는 경우는 거의 없으므로 무척 신선했다. 로리 앤 화이트와 켄 와턴이 함께 쓴 “혼합된 신호들(Mixed Signals)”은 궁극적으로 중력파와 관련된 듯한 여러 기이한 사건들을 이야기한다. 블랙홀이 합쳐지거나 중성자 별이 충돌할 때에나 발생하는 이상하리만큼 강력한 중력파가 소설 속에서는 일상적으로 나타난다. 주인공들은 이 같은 파동이 또다른 브레인의 지적 생명체들이 고차원 벌크를 통해서 보내는 신호라는 사실을 밝힌다. 두 작가는 에크파이로틱 모형을 구체적으로 언급하면서 우리 우주는 중력만이 이동할 수 있는 고차원 공간에 존재하는 여러 3차원 브레인들 중 하나일 뿐이라고 설명한다. 중력이 벌크를 가로지를 수 있다면 중력파는 브레인 사이의 소통을 가능하게 하는 훌륭한 메커니즘이 된다.

과학자들은 다른 주변 브레인들에 다른 우주들이 존재하고 그곳에 다른 문명이 존재할 가능성을 한 번도 배제한 적은 없지만, 에크파이로틱 가설의 가장 큰 목적은 우리 우주의 기원과 종말을 설명하는 것이다. 내가 에크파이로틱 우주에 관한 강의와 공상과학 단편 소설을 접하고 얼마 지나지 않아 초기 우주의 물리학에 관한 나의 박사 논문 지도교수로, 나는 닐 투록과 함께 에크파이로틱 모형을 만든 폴 스타인하트를 만났다. 이후 나는 우리 우주의 기원에 관한 다른 이론들을 연구하게 되었지만, 여러 학회와 모임에서 에크파이로틱 시나리오를 접했다(어찌된 영문인지 외계인은 한 번도 등장하지 않았다).

에크파이로틱 시나리오는 계속 수정되고 일반화되었으며, 최근 버전에는 또다른 차원들이 전혀 나오지 않는다. 하지만 과학에서는 결국 옳지 않다고 판단된 파격적인 생각이 전혀 다른 사고방식으로 이어져 우리를 완전히 새로운 (바라건대 더 나은) 방향으로 이끄는 경우가 많다. 에크파이로틱 아이디어가 처음 나왔을 때를 생각해보자. 첫 에크파이로틱 모형은 흥미롭고 극적인 우주의 끝을 제시했다.

"대화재"를 뜻하는 그리스어인 "에크파이로틱"은 불타는 우주의 탄생과 궁극적인 죽음을 일컫는다. 에크파이로틱 모형이 아닌 표준적인 이론의 초기 우주에서는 제2장에서 이야기했듯이, 인플레이션*

---

* 인플레이션 이론도 처음 발표된 이래 대대적으로 수정되었지만 첫 버전은 여전히 유용하다. 최초의 버전은 완전한 실패로 밝혀졌지만 여전히 많은 과학자들은 이것이 매우 혁신적인 아이디어였음을 인정한다. 처음 발표된 인플레이션 이론은 전혀 옳지 않았고 1년 만에 다른 물리학자들에 의해서 전면적으로 수정되었다. 이론의 창시자들이 제안한 대략적인 해결책들은 과학자들을 열의에 불타게 해서 빅뱅 이론을 궁극적으로 입증할 창의적인 방식을 찾도록 했다. "신 인플레이션"이라고도 불리는 수정된 버전은 지금 우리 모두가 이야기하는

시대가 있었다. 인플레이션은 시간이 처음 생기고 1초에 훨씬 못 미치는 아주 짧은 시간 동안 우주를 극적으로 늘렸고, 이처럼 우주를 늘린 무엇인가(이것을 **인플라톤*** **장**[inflaton field]이라고 부른다)의 붕괴가 우주에 엄청난 에너지를 쏟아부어 뜨거운 빅뱅의 "뜨거운" 단계를 촉발했다. 한편 에크파이로틱 모형의 첫 버전에 따르면, 초기 우주는 후에 우리 우주 전체를 담게 될 3차원 브레인과 그 옆에 있는 다른 브레인이 폭발적으로 충돌하여 온도가 상승했다. 충돌 이후 두 브레인은 벌크에서 서서히 멀어져 각자 팽창의 길을 간다. 하지만 후에 두 브레인은 제자리로 돌아올 것이다. 에크파이로틱 시나리오에서는 우주의 창조와 파괴가 계속 반복된다.

물리학자의 공구함에서 가장 오래된 도구인 손 동작을 활용하면 훨씬 쉽게 이해할 수 있다.

왼손을 우리가 사는 3차원 우주인 3-브레인이라고 생각해보자(물론 손은 우주보다 보잘것없이 작다). 오른손은 또다른 "숨은" 브레인이다.** 우선 손가락을 다 붙이고 두 손을 기도하듯이 모은다. 이는 우주 탄생의 순간이다. 태고의 불을 붙인 충돌이다. 지금 두 브레인은 조밀하고 뜨거운 플라스마로 채워져 있다. 상상도 할 수 없을 만큼 뜨거운 불지옥에서는 최초의 원자들이 만들어지고 플라

인플레이션의 기반이 되었다.

* 과학자들은 입자나 입자와 관련한 장에 이름을 붙일 때, 영어로 "on"으로 끝내는 것을 좋아한다.

** 각각의 브레인은 우주 경계에 있기 때문에 브레인에 관한 공식적인 문헌들에서 "세상의 끝" 브레인으로 불린다. 무척 탁월한 표현이다.

스마 파가 흐른다. 이 플라스마 파는 우리의 브레인에서 후에 우주 배경 복사를 채우는 요동으로 나타날 것이다. 이제 손을 서서히 조금 떼고 손가락을 벌린다. 두 브레인은 고차원 벌크를 가르며 서로 멀어지고 각각의 브레인에 존재하는 우주는 식어가고 확장한다. 충돌 이후 일정하게 팽창하기만 하는 이 같은 모형에서는 인플레이션 단계가 없다. 두 브레인은 둘 사이에 있는 벌크로 팽창하는 대신, 서로 평행하게 각자 뻗어나간다. 왼손인 우리의 브레인에는 지금 우리가 목격하는 우주가 존재한다. 우리는 스스로 다른 브레인으로부터 멀어지는 움직임은 볼 수는 없지만, 우리가 사는 3차원 공간이 팽창하면서 은하들이 멀어지는 것은 볼 수 있으며 우리 우주는 점점 비어가며 열 죽음으로 향한다. 오른손인 숨은 브레인에서는 어떤 일이 벌어지는지 알 수 없다. 그곳에도 문명이 있어 자신들의 우주가 보이지 않는 공허를 가로지르며 점점 비어가고 있는 광경을 지켜보고 있을지도 모른다. 아니면 물질이 어떤 이유에서인지 생명을 탄생시킬 배열을 이루지 못해 그저 고요하고 황량한 곳일지도 모른다. 아니면 말을 하는 강아지가 있을지도 모른다. 우리가 숨은 브레인에서 중력파 신호를 감지하지 않는 한 그 본질은커녕 존재하는지조차 알 수 없을 것이다.

이제 두 손을 다시 서서히 가까이 한 다음 갑자기 손뼉을 친다. 이 시나리오에서 최대 거리로 멀어지며 팽창한 두 막은 서로 마주친 다음 다시 튕겨나가 멀어진다. 손뼉이 일으키는 반동, 다시 말해서 바운스는 두 브레인 위에 있는 모든 것을 파괴하고 우리 우주를 종말로 몰아넣으며 새로운 빅뱅을 시작한다. 두 우주는 플라스마 불지옥의 뜨거운 단계로 돌아가고, 새로 생긴 우주는 한때 존재했던 물질의 잔여물이 거의 혹은 전혀 남지 않은 카오스 상태이다. 그리고 다시 양손을 벌려서 이 같은 주기를 반복한다. 그리고 또 반복한다. 끝나면 또 반복한다. 브레인 세계*인 에크파이로틱 우주는 영원하고 격동적인 우주의 손뼉이다.

반복 또 반복

우리가 정말 브레인 세계에서 살고 있는지, 다른 브레인들이 고차원 벌크에 퍼져 있는지는 아직은 답을 모른다. 하지만 주기적 우주는 인플레이션 이론의 대안 중에서 연속적인 복제의 가능성을 지닌 몇 안 되는 합리적인 대안이므로 그 전반적인 개념은 매력적이다.** 에크파이로틱 모형과 인플레이션 모형이 궁극적으로 어떤 형태를 띨지는 아직 모른다. 최근 에크파이로틱 모형들에는 브레인이 전혀 없고, 지금의 몇몇 인플레이션 버전에는 브레인이 있다. 에크파이로틱

---

* 더 높은 차원들이 존재하는 모형인 "브레인 세계"에서는 우리의 관측 가능한 우주가 있는 3차원 브레인이 더 큰 공간 안에 놓여 있다. 이는 일종의 다중 우주이지만, 사람들이 일반적으로 이야기하는 다중 우주는 우리와는 다른 물리학 법칙들이 작동되는 더 큰 (3차원) 공간을 뜻하거나 브레인 세계와는 전혀 다른 양자역학의 다세계 해석을 뜻한다. 관측 가능한 우주 외에 또다른 실재를 암시하는 해석은 모두 다중 우주론에 속한다.

** 이 책에서는 "주기"와 "바운스"를 혼용해서 쓰지만, 사실 바운스 모형이 반드시 주기적일 필요는 없다. 빅뱅 전 오랜 과거를 지나 지금의 우주를 거쳐 이후의 죽음으로 이어지는 바운스 모형에서는 한 번의 "바운스"만 있어서 새로운 우주가 탄생하지 않을 수도 있다.

모형과 인플레이션 모형의 가장 큰 차이는 인플레이션에서는 여러 우주론적 문제들을 아주 이른 초기 우주에 빠른 팽창의 시기를 도입하여 해결하는 반면, 에크파이로틱 모형에서는 바운스 바로 전에 일어난 **느린 수축**으로 문제들을 해결한다는 것이다. 브레인 세계 모형에서는 브레인들이 서로 모이는 단계에서 느린 수축이 일어난다. 에크파이로틱 모형은 인플레이션과 마찬가지로 현재 우리가 관측하는 물질 분포에 부합하며, 우주가 균일하고 평평해 보이는 (휘어져 있거나 복잡하고 거대한 기하학적 구조를 띠지 않는) 이유를 설명할 수 있다. 모든 것이 이상하리만치 균일한 현상은 바운스 이전의 브레인들이 거대하고 서로 평행했다면 충분히 가능한 일이다. 그렇다면 폭발이 모든 곳에서 동시에 같은 방식으로 일어날 수 있으며, 미세한 양자 요동으로 밀도가 높은 부분들이 일부 생기면 은하와 은하단을 포함한 우주의 모든 구조물로 진화할 수 있다.

그러나 인플레이션과 마찬가지로 이론적으로 여러 구체적인 부분들은 아직 밝혀지지 않았다. 가장 큰 문제는 바운스 동안에 정확히 어떤 일이 벌어지는지이다. 진정한 특이점이 일어날까? 최대 밀도에 도달하지 않아도 바운스가 일어나므로, 기존 주기의 정보가 사라지지 않고 다음 주기로 전달될 수 있을까? 최근 버전의 모형에서는 수축이 아주 미세하게 일어나기 때문에 특이점 같은 현상은 벌어지지 않는다. 브레인들이 충돌하는 대신에 힉스 장과 비슷한 무엇인가 혹은 인플레이션을 일으켰을 무엇인가와 비슷한 **스칼라 장**(scalar field)이 수축을 이끈다. 이 같은 모형에서는 정보가 주기 사이에서 전달될 가능성이 있으며, 이론적으로는 우리가 언젠가 그 증거를 발견할 수 있다.

이는 우리에게 관측 증거에 관한 질문을 던진다. 에크파이로틱 모형과 인플레이션 모형 모두 같은 우주론적 문제들을 해결하기 위해서 설계되었으므로, 약간의 창의성만 발휘하면 각각의 모형을 승인하거나 배제할 수 있다. 우리가 우주에서 이제껏 관찰한 모든 것들은 표준 인플레이션 모형 그림에 부합하는 듯 보이지만 결정적인 증거는 발견되지 않았고, 그렇다고 해서 에크파이로틱 대안을 입증하거나 반박하는 증거가 있는 것도 아니다. 주기적 모형이 인플레이션보다 이론적으로 더 합리적인지에 대한 논의는 수년 동안 이어졌지만, 관측의 측면에서는 여전히 미궁이다. 궁극적인 답을 줄 데이터가 있다면 무척 도움이 될 것이다.

과학자들은 태고의 중력파에 관한 증거를 찾는 데에 가장 큰 기대를 걸고 있다. 초기 우주에서는 블랙홀이나 중성자 별의 충돌이 아닌 인플레이션 시대의 개막이 거대한 중력파 물결을 일으켰을 것이다. 인플라톤 장에서 일어난 양자의 꿈틀거림이 우주 구조물의 첫 씨앗을 뿌리면서 말이다. 초기 우주의 중력파를 찾는다면 인플레이션을 입증할 가장 확실한 증거가 될 것이다. 실제로 2014년에 바이셉2(BICEP2)* 실험을 주도한 연구자들이 증거를 찾았다고 발표하면서 우주론자들은 잠깐이나마 들떴다. 우주 배경 복사에서 나오는 빛의 편광을 관찰한 연구자들이 초기 불의 시대에 공간을 왜곡

* "우주 배경 복사의 편광 영상화(Background Imaging of Cosmic Extragalactic Polarization)"의 2차 실험을 뜻한다.

한 중력파에서 비롯된 듯한 꼬인 패턴을 발견한 것이다. 노벨상 수상이 당연시된 무척 놀라운 발견이었다. 인플레이션을 암시할 뿐만 아니라 중력파에 관한 확실한 관측 증거였으며(1여 년 전에 LIGO가 첫 블랙홀 충돌을 관측했다), 또한 양자 요동과의 연관성을 고려하면, 중력의 양자적 성질을 보여주는 첫 증거였다.

문제는 그것이 그다지 독특한 패턴이 아니라는 사실이었다.

채 몇 달이 지나기도 전에 바이셉2 연구진 외의 물리학자와 천문학자들이 독자적으로 데이터를 분석하여 꼬임 패턴의 원인이 우리 은하의 평범한 우주 먼지임을 완벽하게 설명했다. 초기 우주의 중력파가 정말 발견되었다면, 에크파이로틱 모형에 관한 반박 증거가 되었을 것이다. 에크파이로틱 모형에서는 중력파를 내보낼 우주 팽창 지진이 발생하지 않기 때문이다. 안타깝게도 태곳적 중력파가 발견되지 않아 모든 것이 다시 원점으로 돌아갔다. 인플레이션 이론에 따르면 초기 우주는 분명 중력파를 생성했지만, 이론의 어떤 부분도 중력파가 탐지 가능하다고는 말하지 않는다. 가장 보편적인 인플레이션 모형들에서는 중력파가 강하지만, 우주 먼지로 혼동할 수 있을 만큼 신호가 약한 인플레이션 모형 역시 100퍼센트 가능하다.* 따라서 먼지가 우리를 방해한다는 사실은 인플레이션 신호가 있다는 것을 증명할 수 없듯이, 없다는 것도 증명할 수 없다.

그러나 다른 곳에서 실마리를 얻을 수 있을지도 모른다. 또다른

---

* 엄밀히 말하자면, 모형에 따라서 에크파이로틱 초기 우주에서도 서서히 수축이 일어나는 동안 미세한 중력파가 일어날 수 있다. 매우 미세해서 관측으로 탐지되지 않을 뿐이다.

차원을 탐색하면서 브레인 세계를 입증하거나 반박하는 증거를 찾을 수도 있고, 고대 우주의 중력파에 관한 힌트를 마침내 찾을 수도 있다. 심지어 일반적인 중력파 역시 벌크를 지나는 신호를 보내거나(차원을 오가는 외계인 등을 통해서)* 중력파가 어떻게 요동을 만드는지를 보여주어 우리가 시공간의 구조를 파악하도록 도와줄 수도 있다. 일부 연구에 따르면 블랙홀의 충돌에서 얻은 데이터가 이미 중력이 고차원 진공으로 새어나가는 이론들을 반증했다. 이제껏 이루어진 측정 결과들은 세 개의 공간 차원만 존재하는 지루하고 오래된 우주 그림을 뒷받침한다.

우리가 또다른 차원을 발견하든 발견하지 않든 주기적 우주 개념은 여전히 인플레이션의 매력적인 대안이 될 것이다. 우주를 궁극적으로 열 죽음으로 몰아넣을 무질서의 증가인 엔트로피 문제가 그 이유 중의 하나이다. 관측 가능한 우주의 엔트로피 양을 측정할 수 있고 엔트로피가 우주의 생애 동안에 계속해서 증가해왔다면, 우주의 역사를 역추적하여 초기 우주의 엔트로피 양을 가늠할 수 있다. 계산 결과, 우주의 역사가 시작되었을 때에는 엔트로피가 놀라우리만큼 낮은 매우 질서정연한 상태였다. 많은 우주론자들이 이를 몹시 불편해한다. 어떻게 우주 시작의 엔트로피가 그렇게 낮았을 수 있을까? 분명 누구도 들어간 적이 없는 방에 들어갔더니 줄줄이 늘

---

* 숨은 브레인에 물질이 있을지도 모른다는 생각은 여러 논문에서 다루어졌으나, 내가 알기로 벌크에서의 블랙홀 충돌 탐지는 아직 다루어진 적이 없다. 아마도 이 문제를 진지하게 연구하려면 너무 많은 측면을 살펴보아야 하기 때문일 것이다. 그래도 내게는 무척 흥미롭게 들린다.

어선 도미노가 방금 쓰러진 것처럼 서로 겹쳐져 누워 있는 듯한 상황이다. 어떻게 도미노가 애초에 정교하게 줄을 설 수 있었을까?

몇몇 주기적 모형과 바운스 모형의 큰 장점은 이처럼 낮은 초기 엔트로피의 원인을 바운스 전에 일어난 어떤 사건에서 찾을 수 있다는 것이다. 폴 스타인하트와 애나 이자이스가 공동으로 개발한 최근 에크파이로틱 모형에 따르면, 바운스 전 우주의 작은 한 부분이 현재 관측 가능한 우주의 초기 엔트로피가 되었기 때문에 엔트로피가 낮았다.

이 새로운 모형(내가 이 책을 집필하는 동안에 발표되었을 만큼 아주 최신의 모형이다)에는 기존 에크파이로틱 시나리오들에서 찾아볼 수 없는 여러 장점들이 있다. 특히 바운스 동안에 또다른 공간 차원이나 특이점이 없어도 된다는 점에서 그러하다. 실제 수축은 우주의 크기가 그저 절반으로 줄 뿐 그렇게 격렬하지는 않을 것이다. (충분히 예상할 수 있듯이) 세부 내용은 복잡하지만, 기본적인 개념은 실제로 반복되는 주기는 우주를 구성하는 요소들과 관찰자들이 그 변화를 인식하는 방식이라는 것이다. 앞에서 이야기했듯이, 수축/바운스를 일으키는 것은 브레인 충돌이 아니라 우주를 채운 스칼라 장이다.

이 같은 새로운 주기 모형이 우리 우주를 규정한다면, 언젠가 먼 미래에 우리는 멀리 있는 은하들이 후퇴를 멈추고 서서히 우리에게 다가오는 것을 관측하게 될 것이다. 처음에는 빅 크런치의 초기 단계처럼 보일 것이다. 우주가 전보다 조금 붐비면서 “차가웠던” 배경 복사가 온도가 올라서 “그다지 차갑지 않은” 상태가 된다. 우리가 걱정을 하기 시작할 때쯤이면 스칼라 장이 에너지를 격렬하게 복사로 바꾸고 우주의 새로운 빅뱅 주기에 돌입하여 우리 모두는 한순간에 사라진다.

이제 막 발표된 이 새로운 에크파이로틱 모형과 기존 모형의 흥미로운 공통점은 떠돌이 중력파가 일종의 우주 간 신호가 될 수 있다는 것이다. 기존 버전은 다른 막에서 온 중력파가 벌크를 통과할 수 있다고 말한다. 새로운 버전에서는 우주가 바운스 동안에 결코 진정으로 작아지지 않으므로 중력파가 현재 주기에서 다음 주기로 이동할 수 있다고 말한다. 이 같은 신호들은 찾기가 무척 힘들 테지만 발견된다면 지금 우주 이전에 존재한 또다른 우주의 증거가 될 것이다.

계속 지켜보도록 하자.

물론 에크파이로틱 모형이 우주의 역사에 바운스 단계를 설정하는 유일한 방법은 아니다.

우주에서의 중력 관측 방식을 근본적으로 바꾸며 현대 우주론의 선구자 중 한 명이 된 로저 펜로즈는 빅뱅이 이전 주기의 열 죽음에서 탄생했다는 주기적 우주 모형을 제안했다. 펜로즈의 모형은 한 우주의 먼 미래에 존재하는 시공간을 또다른 우주 시작의 특이점과 연결한다. 우주학계에 적극적으로 목소리를 내온 그는 보편적인 초기 우주 시나리오들이 지닌 엔트로피 문제의 심각성을 수십 년간 지적해왔다. 그는 인플레이션이 답이라고 생각하지 않는다. 최근에는 나에게 이렇게 말했다. "처음 인플레이션 이론을 들었을 때 일주일도 못 가겠다고 생각했다네."

펜로즈가 제안한 대안 모형인 등각 순환 우주론(Conformal Cyclic Cosmology)은 엔트로피가 특이점 주변에서는 전혀 다르게 작용한다고 추측한다. 이 추측이 사실이라면, 우리 우주가 시작된 두 주기 사이의 경계에서 엔트로피는 매우 낮고 인플레이션은 없어도 된다. 펜로즈의 모형은 과거 주기들에서 일어난 사건들의 흔적이 우주 배경 복사의 여러 특징들로 나타나므로 관측 가능하다는 흥미로운 가설도 제기한다. 실제로 펜로즈와 그의 동료들은 그런 특징들에 관한 증거가 이미 데이터에 나타났다고 주장한다. 물론 많은 과학자들은 그들의 주장에 회의적이다. 우주 배경 복사에 나타난 힌트가 빅뱅 이전의 우주에 관한 설득력 있는 신호일지는 좀더 지켜보아야 한다.

한편 에크파이로틱 모형의 공동 개발자인 닐 투록은 빅뱅을 그저 전환점으로 보는 완전히 새로운 모형으로 관심을 돌렸다. 투록은 자신의 동료 레이섬 보일과 그들의 제자였던 키런 핀과 함께 입자물리학의 대칭 주장을 우주 차원으로 끌어올려 이 같은 모형을 생각해냈다. 이들의 모형에 따르면 우리 우주와 시간이 뒤바뀐 또 다른 우주는 두 개의 원뿔이 서로 꼭지를 맞닿듯이 빅뱅에서 만난다. 최근 논문에서 세 우주론자는 이 같은 그림을 "무에서 출현한 우주-반 우주 쌍(universe-antiuniverse pair)"으로 설명했다. 원뿔 꼭짓점으로 된 특이점이 엔트로피 문제를 해결해줄지도 모르지만, 아직 이 모형은 미완성이다(최소한 내가 이 글을 쓰고 있는 지금은 그렇다).

하지만 이 모형은 암흑 물질의 본질에 관한 구체적인 예측들을 담고 있어서 앞으로 이루어질 실험에서 검증될 것으로 기대된다.

그렇다면 이제 우리는 여기에서 어디로 가야 할까? 빅뱅은 고유한 사건이었을까, 아니면 그저 격렬한 전환점이었을까? 또다른 우주가 시작되면 고차원 파리채가 파리를 짓누르듯, 우리 존재가 말살될까? 언젠가 우주론이나 입자물리학의 데이터가 시공간의 본질을 알려줄까? 우리 우주의 먼 미래가 어떤 모습일지 언제 알 수 있으며, 이 질문의 궁극적인 답을 구하려면 어떤 정보가 필요할까?

우주는 어떻게 끝날까?

과학의 모든 것이 그러하듯이 우리는 우주를 영원히 연구해야 할 것이다. 하지만 지난 몇십 년 동안 우리의 이해는 눈부실 만큼 발전했고 새로운 지식이 빠르게 쏟아져 나오고 있다. 불과 몇 년만 있으면 인류는 우리 우주의 역사를 새롭게 알게 될 다양한 도구들을 얻어 우리의 기원을 추적하고 빅뱅, 암흑 물질, 암흑 에너지, 우리가 향할 미래의 궤도를 바라볼 또다른 창들을 열 것이다. 이 이야기의 마지막 장에서는 이 새로운 도구들이 우리에게 알려줄 지식과 최첨단 물리학이 제시하는 상상하기도 힘들 만큼 기이한 우주의 모습을 이야기해보도록 하자.

제8장

미래의 미래

모래시계는 얼마나 크지?
모래는 얼마나 깊지?
알 수 있다고 바라면 안 되겠지만, 난 여기 서 있는 걸.
—호지어의 곡 "노 플랜" 중

1969년은 마틴 리스가 아직 왕실 천문학자이자 러들로의 남작 리스 경의 칭호를 얻기 전이었다. 케임브리지 대학교에서 박사 후 과정을 밟던 그는 모든 것의 끝에 관한 6페이지짜리 논문 "우주 붕괴: 종말론 연구"를 발표했는데, 후에 "재미있는" 글이었다고 회고했다. 그는 서문에서 관측 증거가 여전히 불확실하기는 하지만, "우주가 붕괴될 운명을 맞을 것이고 우주 그림에 등장하는 모든 구조물은 끔찍한 수축으로 파괴될 것"임을 암시한다고 설명했다. 리스의 논문이 재미있는 이유 중의 하나는 붕괴되는 동안에 모든 항성들이 외부에서 들어오는 주변 복사로 파괴될 것이라는 계산 때문이었다. 별들이 활활 타오른다는 생각을 재밌어하지 않을 사람도 있을까?

리스는 빅 크런치를 주장했지만, 데이터는 수십 년 동안 모호했다. 우주가 닫히거나(재수축), 열렸을까(내부 팽창)? 1979년에 프린스턴 고등연구소에서 연구하던 프리먼 다이슨은 리스의 주장을 다음과 같이 반박했다. "내가 닫힌 우주를 본격적으로 이야기하지 않는 이유는 우리 존재를 상자 안에 가둔다고 상상하면 폐소공포증이 생기기 때문이다." 열린 우주 모형은 숨통이 트이는 대안이었다. 그는 열린 우주가 인류에게 어떤 의미인지를 정량적으로 예측한 논문 "끝이 없는 시간 : 열린 우주의 물리학과 생물학"에서 주변 우주 공간이 소멸되더라도 미래의 존재들이 자신들의 활동을 통제하고 긴 잠에 빠져 무한한 미래로 사라지지 않을 방법을 제시했다.* 그의 논문은 대부분 계산과 이론적 고찰이 차지했지만, 그는 서문에서만큼은 우주와 시간을 연구하려는 모든 노력을 부당하게 업신여기는 주류 물리학계를 날카롭게 비난했다. 다이슨은 "먼 미래에 관한 연구는 30년 전에 먼 과거에 관한 연구가 그랬듯이 무시당하고 있다"라고 말하며 미래에 관한 진지한 연구가 부족하다고 지적했다.** 그러면서 우주론을 옹호했다. "먼 미래에 관한 분석이 우리에게 삶의 궁극적 의미와 목적을 묻도록 한다면, 주저하지 말고 용감하게 질문과 마주하자."

이후 우주 종말론이 하나의 학문으로 정당한 인정을 받았다고 말

* 안타깝게도 다이슨의 제안을 유일하게 가능하게 하는 열린 우주 모형에는 우주상수가 없기 때문에 이 작은 희망의 불씨는 최근에 나온 데이터로 꺼지고 말았다.

** 놀랍게도 다이슨은 직접 논문을 제출한 적이 없다. 그의 친구가 허락 없이 "끝이 없는 시간"을 「현대 물리학 리뷰」에 제출한 것이다. 다이슨은 얼마 전 내게 학술지에 적당한 글이 아니어서 "발표할 생각이 없었다"고 말했다. 그러면서 "항상 모든 것은 의견 차이"라고 덧붙였다.

하기는 힘들다. 사실 우리의 기원을 밝히는 연구들만큼이나 마지막 운명을 진지하고 열정적으로 파헤치려는 물리학 논문은 찾아보기 힘들다. 하지만 시간 척도의 두 극단에 관한 연구 모두 나름의 방식으로 물리학 이론들을 이해하는 데에 도움을 준다. 둘 모두 우리의 미래나 과거에 관한 통찰을 제공할 뿐만 아니라 실재의 본질도 알려준다.

유니버시티 칼리지 런던의 우주론자인 히라냐 페리스는 다음과 같이 말했다. "우주의 처음을 생각할 때와 마찬가지로 우주의 마지막을 생각하면, 우리가 지금 일어나고 있다고 여기는 일에 관해서 생각하고 추론하는 방식이 예리해지죠. 난 기초 물리학에서 추론이 매우 중요하다고 생각해요." 2003년 페리스는 윌킨슨 마이크로파 비등방성 탐사(WMAP) 위성으로 우주 배경 복사의 첫 정밀 이미지를 해석하는 팀들 중 하나를 결성했고, 이후 관측 우주론의 선두를 이끌어오고 있다. 최근 몇 년 동안 그녀는 관측 데이터, 시뮬레이션, 테이블톱 아날로그(tabletop analog)를 활용해서 우주 인플레이션 동안에 일어난 "거품 우주"의 탄생과 진공 붕괴의 역학 같은 초기 우주와 후기 우주에 관한 물리학적 핵심 내용을 시험하고 있다. 그녀가 이 모든 질문들을 연구하는 동기도 같다. "이 시대를 이해하는 건 중요해요. 우리가 지금 하는 일이 어떻게 과거나 미래와 직접 연결될지는 여전히 불분명하지만 연구를 계속하다 보면 근본적인 이론에 관해 뭔가를 배울 수 있을 거예요."

분명 우리는 배울 것이 많다. 지금은 우주론과 입자물리학이 각자의 성공이 서로를 희생시키는 어색한 관계에 있다. 두 분야 모두 세상을 무척 정확하고 포괄적으로 설명하고 그 어느 내용도 반박하기 힘들 만큼 훌륭하다. 문제는 왜 훌륭한지 알 수가 없다는 것이다.

우주론에서 우세한 패러다임은 일치 모형 또는 ΛCDM이라고 불리는 모형이다. ΛCDM에서 우주를 구성하는 네 가지 기본 구성요소들에는 복사, 물질, 암흑 물질(CDM은 "차가운" 암흑 물질을 뜻하는 "Cold Dark Matter"의 약자이다), 우주상수 형태의 암흑 에너지(방정식에서 그리스 문자 람다 "Λ"로 표시한다)가 있다. 모든 구성요소의 양은 정확히 측정할 수 있고, 현재 우주 전체의 파이에서 가장 큰 조각은 우주상수이다. 우리는 우주가 팽창하는 동안 이 모든 요소들이 어떻게 달라졌는지 잘 알고 있으며, 인플레이션이라고 불리는 급격한 팽창이 일어났던 태곳적 우주도 놀라우리만큼 자세하게 설명할 수 있다. 검증된 중력 이론인 아인슈타인의 일반상대성은 일치 모형에 완벽하게 부합한다. 이 같은 그림에서는 현재 우주상수가 우주의 진화를 지배하고 있으므로 우리는 중력에 대한 이해와 우주의 네 가지 구성요소들로 우주의 진화를 예측할 수 있다. 그 결과는 우주가 먼 미래에 열 죽음을 맞을 것이라고 분명하게 말하고 있다. 그러고는 모든 것이 끝난다.

일치 모형의 문제는 가장 중요한 요소인 암흑 물질과 우주상수, 인플레이션이 모두 불가사의하다는 점이다. 우리는 암흑 물질이 무엇인지 모른다. 인플레이션이 어떻게 일어났는지도 모른다(실제로 일어났는지도 확실하지 않다), 우주상수가 왜 존재하는지 합리적으로 설명할 수 없으며, 우리가 입자물리학으로 유추한 값과 왜 전혀 다른지도 모른다. 하지만 일치 모형을 반박할 데이터도 없다. 암흑 에너지가 (우주상수와 배치되는) 모종의 방식으로 변화한다는 증거는 없으며, 암흑 물질이 실험으로 탐지될 수 있다는 증거도 없다(탐지할 수 없다는 증거도 없다). 한 세기 동안 여러 실험들이 이루어졌지만, 중력이 아인슈타인의 일반상대성과 다른 방식으로 행동한다는 증거 역시 없다.

페리스의 동료이자 논문의 공저자인 앤드루 폰젠(나와 케임브리지에서 같이 일하기도 했다)은 암흑 물질의 이론적 측면을 연구하고 있으며, 암흑 물질이 지금 은하에서 띠고 있는 형태를 어떻게 띠게 되었는지를 설명하는 선구적인 연구들을 수행했다. 폰젠은 우리의 데이터가 암흑 물질과 암흑 에너지를 포함하는 그림에 무척 훌륭하게 부합한다는 측면에서 과학자들은 우주론을 매우 잘 이해하고 있으며 이 같은 그림을 반박할 무엇인가가 갑자기 나타날 가능성은 낮다고 주장한다. 우리는 우주에 얼마나 많은 물질들이 있고, 그것들이 어떻게 행동하는지 안다. 하지만 우주의 95퍼센트를 차지하는 암흑 물질과 암흑 에너지가 기초 물리학과 어떻게 연결되는지는 모른다. 폰젠은 "그런 면에서 우리는 아는 것이 아무것도 없다"고 말한다.

안타깝지만 입자물리학계의 견해 역시 비슷하다. 1970년대에 물리학자들은 양성자와 중성자를 구성하는 쿼크 그리고 중성미자, 전자, 전자의 사촌들을 포함하는 렙톤, 입자 사이의 기본 힘들(전자기, 강한 핵력, 약한 핵력)을 매개하는 이른바 게이지 보손(gauge boson)을 아우르는 자연의 알려진 모든 입자들을 설명할 표준모형을 개발했다. 질량을 가지지 않았다고 여겨지던 중성미자가 어마어마하게 가벼운 입자로 수정된 것처럼 미세한 변경은 있었지만, 표준모형은 모든 실험을 통과한 매우 성공적인 모형이다. 게다가 표준모형은 모형의 마지막 퍼즐 조각인 힉스 보손의 존재도 예측했다. 이후 수년 동안 이루어진 어떤 입자 실험에서도 우리가 표준모형을 통해서 힉스 보손을 발견할 수 없을 것이라는 증거는 전혀 나오지 않았다.

당신은 이것을 승리로 반길지도 모른다. 표준모형 이론은 훌륭하게 작동한다! 모든 것이 우리의 예상 대로이다!

이제 편안히 앉아 우리의 눈부신 성과와 성공을 즐기기만 하면 되는 것 아닌가?

그럴 수 없는 이유는 표준모형이 몇 가지 측면에서 최악의 시나리오이기 때문이다. 실험 결과들과 일치하는 것은 분명 멋진 일이지만, 우리는 우주론의 일치모형처럼 표준모형에도 매우 중요한 조각들이 빠져 있다는 사실을 안다. 표준모형은 암흑 물질이나 암흑 에너지에 관해서 어떤 사실도 알려주지 않을 뿐 아니라, 모형의 곳곳에서 매개변수가 아주 아주 정확하게 설정되지 않으면 모든 것이 무너지는 "튜닝 문제"를 가지고 있다. 가장 이상적인 상황은 매개변수가 왜 그러한 값을 가지게 되었는지를 설명하는 이론적 틀이 존재하는 것이다. 매개변수를 특정 값으로 설정하는 이유가 "그렇지 않으면 끔찍한 일이 벌어지기 때문"이라던가 더 심각하게는 "측정 결과가 그렇기 때문"이 전부인 상황은 영 찜찜하다.

수십 년간 과학자들은 표준모형의 중요한 측면들을 확인하는 단계를 유연하게 지나고 그 유효성의 한계를 찾아내서 표준모형을 대체할 모형을 발견하게 되리라고 희망했다. 1970년대에는 종류가 다른 입자들 간의 새로운 수학적 관련성을 가정하여 표준모형과 그 매개변수들의 혼란스러운 구조를 설명하는 초대칭(supersymmetry) 모형을 통해서 표준모형의 이론적 결점들을 바로잡으려고 했다. 초대칭 모형은 당시 충돌기들로 가능한 에너지보다 조금 더 강력한 충돌을 일으키면 완전히 새로운 입자들(표준모형 입자들의 "초대칭 파트너들")을 생성할 수 있다는 짜릿한 가능성도 선사했다. 초대칭 모형은 중력과 양자역학을 하나로 통일하는 가장 보편적인 개념인 끈 이론으로 나아가는 발판이 되었다고 여겨진다.

안타깝게도 거대 강입자 충돌기(LHC)의 성능을 향상시키려는 노력이 수십 년간 이어졌지만, 초대칭이 약속한 입자들이 생성될 기미는 보이지 않는다. 초대칭 모형에 여전히 희망을 거는 몇몇 물리학자들은 새로운 입자들을 발견하기가 더 어려운 이유를 나열하며 수정해야 할 부분을 제시하고 있지만, 그들이 제안한 수정들은 너무나 극단적이어서 표준모형만큼이나 이론적 결점들이 많아진다. 그리고 새로운 입자에 관한 신호는 초대칭 모형에서만 나타나는 것이 아니다. 입자 탐지기 통로에서 예상치 못한 일들이 일어날 때마다 물리학자들은 흥분하며 데이터에 나타난 변수들을 설명하려고 한다. 하지만 이제까지 나타난 모든 변수들은 다음 데이터에서는 나타나지 않는 통계 오류였다.

LHC 데이터에서 표준모형을 벗어나는 신호를 탐색하는 실험물리학자 프레야 블렉먼은 지금의 수수께끼에 대해서 나에게 다음과 같이 말했다. "난 이 분야에 20년을 몸담으면서 기준을 넘는 수치가 나타났다가 사라지는 걸 수없이 목격했고 많은 모형이 인기를 끌다가 사라지는 것도 봐왔어요." 그녀가 말을 이었다. "누구와 이야기하냐에 따라 어떤 사람들은 환멸을 느낀다는 사실을 알 수 있죠.……사람들은 아주 오랫동안 다른 뭔가를 발견해야 한다고 말해왔어요. 그런데 실험에서 나타나는 건 표준모형뿐이죠." 하지만 블렉먼은 환멸의 대상이 잘못되었다고 생각한다. 사람들이 좌절하는 이유는 실제로 존재할 힌트들을 놓치고 있어서가 아니라 현재의 실험 방식으로는 새로운 무엇인가를 찾으리라고 보장할 수 없어서이다.

실험이 분명한 방향을 제시하지 못한다는 사실에 좌절한 일부 연구자들은 입자물리학에서 완전히 손을 떼고 우주론에 발을 들였다. 그중 한 명인 페드루 페레이라는 박사 과정 중에 양자 중력에서 우주론으로 전향한 옥스퍼드 대학교의 우주론자로, 지금은 천문학 부문에서 우주 배경 복사와 일반상대성을 연구하며 더 나은 통찰을 얻을 수 있을 것으로 기대한다. 그는 "입자 이론은 1973년 이후로 관측 결과로 이어진 어떤 혁신도 없었어요"라고 말했다. 새로운 이론적 개념들이 수없이 제시되었고 그중에는 무척 흥미로워 보이는 것도 있었지만, 표준모형을 넘어서는 분명한 실험 증거가 없다면 앞으로 어디로 가야 할지 또는 이제까지 발표된 제안이 과연 맞는 것인지 알 방법이 없다. "이제까지 무척 우아한 생각이 수없이 제시되었죠. 하지만 양자 중력 문제가 해결되었나요? 그렇지 않다고 봅니다. 문제는 '해결되었는지 어떻게 알 수 있는가?'예요."

다행히 누구도 희망을 버리지 않았다. 나는 수십 명의 우주론자, 입자물리학자들과 모든 것이 어디로 갈지("모든 것"은 이론물리학/우주론과 실제 우주를 뜻한다)를 이야기하면서 최선의 접근법에 관한 합의는 이루어지지 않았지만, 몇 가지 공감대는 형성되었다는 사실을 깨달았다. 그중 하나는 다양성이었다. 대규모 다국적 실험이든 관측 프로그램이든 투자를 받는 모든 연구에서 중요한 것은 접근법을 다양화하고 오랫동안 풀리지 않던 문제들에 관한 새로운 시각을 제시할 아이디어를 찾아야 한다는 것이다(이론적 측면뿐 아니라 데이터 취합의 측면도 포함된다). 또다른 공감대는 되도록 많은 새로운 데이터를 지속적으로 확보하여 가능한 모든 방법들로 분석해야 한다는 것이다.

서던 캘리포니아 대학교의 이론물리학자 클리퍼드 V. 존슨은 끈 이론, 블랙홀, 또다른 공간 차원, 엔트로피의 미묘한 측면들을 연구한다. 내가 아는 가장 순수한 이론가인 그는 현재의 데이터 산출에 대해서 무척 흥분하며 다음과 같이 말했다. "훌륭한 단 하나의 아이디어는 부족할지 모르지만, 데이터 원천은 결코 부족하지 않아요." 그러고는 이렇게 덧붙였다. "양자 시대가 막 도래하기 전과 비슷하지 않나요?" 양자 시대 직전에 원자와 원자핵 구조에 관해서 아직 완성되지 않은 생각이 쏟아져 나오며 이론 분야는 활기에 넘쳤지만, 어떤 생각도 설득력이 있지는 않았다. 존슨은 당시 상황을 다음과 같이 설명했다. "하지만 훌륭한 수많은 데이터가 마침내 구체적인 모습을 갖춰갔죠. 지금이라고 해서 같은 일이 일어나지 않으리라는 법은 없죠. 과학의 역사를 돌이켜보면 이건 일반적인 과정이에요."

그렇다면 이제 데이터로 눈을 돌려보자. 우리가 무엇을 보고 있는지, 우주론자와 입자물리학자는 어떤 방식으로 관측하는지 이야기해보자. 지금 우주의 물리학이 어떤 모습이고, 미래의 우주는 어떻게 끝날 것인지에 대해서 데이터가 무엇을 말해줄지도 살펴보자. 그리고 다시 이론가들의 이야기를 들어보도록 하자. 그들이 이야기하는 생각 중에는 입을 다물기 힘들 만큼 파격적인 것들도 있다.

허공과의 접촉

우주의 먼 미래에 대해서 무엇인가를 알고 싶다면, 방 안에서 몸집을 계속 불리고 있는 거대한 투명 코끼리인 암흑 에너지 문제를 해결해야 한다. 우주가 가속 팽창한다는 사실이 1998년에 발견되어 패러다임 전환이 이루어지면서 우리는 암흑 에너지가 지배하는 미래를 정면으로 마주하게 되었다. 우주가 점차 공허해지고 차가워지며 어두워지면서 우주의 모든 구조물은 붕괴하고 결국에는 열 죽음에 이를 것이다. 하지만 이는 암흑 에너지가 불변하는 우주상수라고 가정한 추측에 불과하다. 앞에서도 이야기했듯이, 우주 팽창이 빨라지는 이유가 유령 암흑 에너지 때문인지 아니면 암흑 에너지가 시간에 따라 변해서인지에 따라 우주가 받는 영향은 완전히 달라진다.

안타깝게도 관측상으로는 암흑 에너지에 관해서 알아낼 정보가 많지 않다. 우리가 알 수 있는 것은 실험실의 실험으로는 보이지 않고 탐지할 수 없는 에너지가 우주 전체에 완전히 균일하게 퍼져 있으며, 우리 은하보다 큰 척도에 미치는 간접적 영향으로만 그 존재를 짐작할 수 있다는 사실이다.

일반적으로 우리는 두 가지를 측정할 수 있다. 첫 번째는 아주 멀리 떨어진 초신성이 얼마나 빨리 멀어지는지 관찰하여 가늠하는 우주 팽창의 역사이다. 두 번째는 우리가 일반적으로 은하와 은하단을 일컫는 "구조물"이 형성된 역사이다. 항성, 행성 같은 작은 대상들은 우주론자에게는 성가신 사소한 존재일 뿐이기 때문이다. 구조물 측정은 그리 간단하지는 않지만, 우리가 이제껏 축적한 수많은 데이터를 여러 창의적인 방법들로 분석할 수 있게 해준다. 우선 광범위한 우주 공간(우주 역사의 기나긴 시간)에서 최대한 많은 은하의 이미지와 스펙트럼을 확보한 다음, 여러 통계법을 활용하여 물질이 시간의 흐름에 따라서 어떻게 모여 구조물을 이루게 되었는지 유추한다. 이 두 가지 측정은 공간을 늘리는 암흑 에너지의 성질이 우주 전체에 어떤 영향을 주고, 물질이 서로 모여 은하나 은하단 그리고 인간 같은 존재를 만드는 것을 어떻게 방해하는지 알려준다.

우주의 궁극적 운명을 알아내기 위해서 당신이 측정할 수 있는 것이 두 가지뿐이라면, 당연히 그 두 가지에 투자를 집중해야 한다. 지난 약 20년 동안 "암흑 에너지" 연구를 주요 목적으로 한 최첨단 망원경의 개발과 연구에 대한 관심이 급증했다. 그중에는 팽창과 구조물의 변화를 측정하여 상태 매개변수 w(제5장 참조)의 암흑 에너지 방정식을 찾으려는 연구도 있다. 만약 과거로부터 지금까지 w가 정확히 −1이라면 우주상수가 존재하는 것이고, 다른 값이라면 노벨상 후보가 대거 나올 것이다. 하지만 암흑 에너지에 신경을 쓰지 않거나 우리는 결국 진부한 우주상수로 인한 운명을 맞게 될 것이라고 생각하는 천문학자들이라도 암흑 에너지가 물질을 모아 은하를 구성한다는 면에서 중요하다는 사실을 인정한다.

최근 베라 C. 루빈 천문대(VRO)로 이름을 바꾼 대형 시놉틱 탐사 망원경(LSST) 건설이 좋은 예이다. 칠레의 고지대 사막 산에 자리한 8.4미터짜리 망원경은 며칠마다 수백만 개의 초신성과 100억 개의 은하를 찍어서 남쪽 하늘 전체를 이루는 수많은 이미지 조각들을 맞출 예정이다. 이처럼 하늘을 반복적으로 찍는 방식은 초신성 폭발이 보이는 며칠 동안에 각각의 밝기가 어떻게 변하는지를 알 수 있기 때문에 초신성 연구에 큰 도움이 된다. 하지만 은하 연구에도 무척 유용하다. 밤마다 찍은 이미지를 축적하다 보면 희미하고 먼 은하들을 발견할 확률이 다른 연구에서보다 높아지기 때문이다.

(여담을 하나 하자면, 최근에 나는 학자들이 작고 연약한 우리 지구를 향해 다가오는 위험한 소행성을 탐지해서 충돌을 막을 방법을 논의하는 행성 방어 회의에 다녀왔다. VRO는 적어도 남쪽 하늘에서만큼은 충돌 위험을 미리 감지하여 소행성 경로를 차단하는 기술에 혁명을 일으킬 것이다. 먼 미래에 우주를 멸망시킬 암흑 에너지를 이해하려는 노력이 훨씬 짧은 시간의 척도에서는 세상을 구할 것이라고 생각하니 무척 재미있었다).

정교한 데이터를 축적하다 보면 새롭고 놀라운 무엇인가를 발견할 가능성이 매우 커지므로, VRO가 가지는 우주론적 가치는 그 용도가 무엇이든 간에 아무리 강조해도 지나치지 않다. 페리스는 VRO가 게임 판도를 바꿀 것이라고 말했다. "우리는 과거와 전혀 다른 방식으로 우주를 바라보고 있어요. 전에 시도해본 적 없는 방법으로 우주를 볼 때마다 새로운 걸 배우죠."

우리를 기대에 부풀게 하는 관측 프로그램은 VRO만이 아니다.

우리가 전에는 한 번도 보지 못한 방법으로 우주를 보여줄 최첨단 망원경 개발 프로그램과 연구가 다양하게 이루어지고 있다. 적외선으로 먼 우주의 이미지와 스펙트럼을 촬영하는 제임스 웨브 우주 망원경(JWST), 유클리드, 광대역 적외선 탐사 망원경(WFIRST)처럼 최첨단 우주 망원경은 아주 멀리 떨어져 있어서 그 빛이 가시광선 영역을 벗어난 은하들까지도 우리가 관측하게 해줄 것이라는 기대 속에서 특히 큰 관심을 받고 있다.

우주 배경 복사의 관측 역시 암흑 에너지 게임에 발을 들이고 있다. 제2장에서 우리는 어떻게 우주 배경 복사 연구가 초기 우주와 우주 구조물의 기원을 알려줄 수 있는지에 대해서 살펴보았다. 우주 배경 복사가 빛을 내보내기 시작했을 때에는 물질과 복사의 밀도가 극단적으로 높았기 때문에 암흑 에너지는 영향력도 발휘하지 못하는 전혀 중요하지 않은 존재였다. 그러므로 우주 배경 복사 관측이 현재 암흑 에너지의 행동에 대해서 어떤 통찰을 줄 수 있다는 사실이 의외라고 느껴질 것이다. 비결은 은하와 은하단처럼 우리가 알고 싶어하는 모든 우주의 구조물이 우리와 우주 배경 복사의 사이에 존재하며, 각각의 구조물이 중력을 통해서 주변 공간을 약하게나마 왜곡한다는 것이다.

자갈이 깔린 투명한 연못을 내려다보며 사진을 찍었다고 상상해보자. 우리가 각각의 자갈이 정확히 어디에 있는지 또는 정확히 어떤 모양을 띠는지는 모르더라도 자갈 모양이 왜곡되는 정도를 관찰하여 물결이 전혀 일지 않을 때와 물결이 일 때를 구분할 수 있는 것은 자갈이라면 모름지기 어떤 형태를 띠어야 하는지를 알기 때문이다. 마찬가지로 과학자들은 우주 배경 복사를 훌륭하게 이해하고 있으므로, 우리가 있는 곳과 다른 곳 사이에 존재하는 물체 때문에 일어나는 미약한 빛의 왜곡을 적어도 통계적인 측면에서는 포착할 수 있다. 우주 배경 복사 렌즈라고 불리는 이 측정법은 우주 구조물의 진화를 연구하는 데에 매우 훌륭한 도구가 되어준다. 새로 건설될 우주 배경 복사 관측소들은 우주 배경 복사 렌즈를 정교하게 다듬을 예정이지만, 이미 과학자들은 **관측 가능한 우주에 존재하는 모든 암흑 물질**의 지도를 그리는 데에 이 렌즈를 사용하고 있다. 물론 그 지도는 해상도가 무척 낮아서 기억에만 의존하여 그린 손때 묻은 오래된 세계 지도 같은 모습이지만, 우리가 만들 수 있는 유일한 암흑 물질 지도라는 점에서 큰 의미가 있다.

암흑 에너지와 우주의 궁극적 운명에 주목하는 토론토 대학교의 우주론자 르네 흘로젝은 우주 모형을 더 잘 이해하기 위해서 우주 배경 복사와 은하를 연구한다. 그녀는 VRO 같은 시설과 새로운 우주 배경 복사 관측소의 데이터를 조합하면 각각의 데이터가 향상되어 더 강력한 정보를 얻을 수 있다고 지적한다. "교차 상관"이라고 불리는 이 기법은 은하단에 속한 각각의 구조물의 위치에 관한 정보를 우주 배경 복사 렌즈를 통해서 알아낸 가장 큰 척도의 물질 분포와 비교하는 방식이다. 교차 상관 기법은 일치모형에서 나타나는 편차를 놓칠 가능성을 낮춰서 더 정확한 결과들을 제시한다. 중력의 변화가 암흑 에너지의 영향처럼 보였던 대안 이론들은 교차 상관 기법으로 조합한 데이터에서 그 결과가 무척 다르게 나타날 것이다. 흘로젝은 "기본적으로 더 이상 숨을 곳이 사라질 것"이라고 말했다.

우리에게 수십억 장의 은하 이미지가 있다면 또 어떤 좋은 일이 있을까? 가장 큰 혜택 중의 하나인 강력한 중력 렌즈 효과는 은하나 은하단이 주변 공간을 왜곡하여 바로 뒤에서 나오는 빛을 여러 상들로 쪼개거나 빛을 원호로 퍼뜨리는 현상이다. 빈 와인 잔 바닥을 통해서 촛불을 본다고 생각해보자. 굴곡진 유리로 촛불을 보면 하나의 불꽃이 아닌 여러 개의 넓은 원호나 하나의 원으로 퍼진 빛이 나타난다. 중력 렌즈를 통과하는 각각의 상은 왜곡된 공간에서 서로 다른 경로를 따른다. 따라서 가령 초신성이 렌즈 작용을 하는 은하에서 폭발하면, 여러 상들 중 하나의 형태로 관측된 다음 또다른 형태로 관측된다. 두 번째 상을 구성하는 빛이 우리에게 도달하는 경로가 첫 번째 상의 빛이 이동하는 경로보다 길기 때문이다.

파티에서 사람들의 귀를 기울이게 할 수 있는* 이 같은 시간 격차 측정은 측정 거리가 매우 길어서 팽창이 계산의 중요한 요소이기 때문에 우주의 팽창 속도를 가늠하는 새로운 방법도 선사한다. 그렇지 않아도 현재의 측정법들은 저마다 몹시 다른 답을 내놓고 있으므로 우리에게는 새로운 팽창 속도 측정법이 절실하다.

제5장에서 이야기했듯이, 초신성으로 팽창 속도를 측정하는 방식이 제시한 값(허블 상수)은 우주 배경 복사가 제시한 값과 다르다.

---

* "저기 있는 별이 보이시나요? 저 별은 일 년 안에 폭발할 겁니다. 넉 달 정도 차이는 있을 수 있겠군요. 그냥 계속 주시해보세요. 제 말이 맞다는 걸 알게 될 겁니다." (2016년 트루 등이 「천체 물리학 저널[*The Astrophysical Journal*]」에 게재한 논문 각색)

다른 측정법들은 둘 중 하나의 값을 제시하며, 이 같은 모순을 해결하지 못했다(최근에 나온 결과는 두 값 사이의 값을 제시했지만, 양쪽 모두와 그다지 유용하지 않은 방식으로 또다시 모순되어 그리 도움이 되지 않았다). 중력 렌즈의 시간 격차 측정법은 VRO를 통해서 활용할 수 있는 시스템을 몇 가지에서 수백 가지로 늘리므로 문제 해결법을 제시할지도 모른다. LIGO 같은 장치를 이용한 중력파 측정(제7장 참조) 역시 허블 상수와 우주 배경 복사 값 사이의 모순에 관한 실마리를 제공하다가 앞으로 약 10년 안에 정확도가 더욱 높아지면서 최종적인 답을 선사할지도 모른다.

무척 별난 생각들

내가 우주론을 사랑하는 이유 가운데 하나는 완전히 새로운 방향에서 우주의 물리학에 접근해야 하는 창의력 때문이다. 어떤 제약도 없는 황당무계한 상상을 의미하는 것은 아니다. 마음 내키는 대로 아무거나 만들 수는 없다. 우리가 할 수 있는 (그리고 해야 하는) 일은 우주가 우리에게 주는 데이터로부터 조금이라도 더 지식을 얻어내기 위해서 새로운 문제 접근방식을 끊임없이 찾는 것이다.

이 같은 창의적인 사고는 "일치 우주론이나 표준모형을 어떻게 개선할 수 있을까?" 같은 어려운 문제 앞에서 더욱 중요하다. 우리가 이제까지 한 모든 시도는 절망적이리만큼 예측에 들어맞았다. 현재의 모형을 깰 수 있는 어떤 틈도 발견하지 못한다면, 어떻게 새로운 모형을 만들 단서들을 찾을 수 있겠는가?

낙관주의자인 클리퍼드 존슨은 분명한 방향이 없는 상황이 오히려 좋은 일일 수 있다고 말했다. "난 어디로 향해야 할지, 어디로 가야 할지 모르죠. 그게 미래에요!" 그러고는 덧붙였다. "이것저것 다 해보려는 거……바람직한 일 아닐까요."

그래서 우리는 여러 곳으로 가지를 뻗고 있다. 전파를 탐지하며 우주 배경 복사의 시대와 항성이 처음으로 나타나기 시작한 시대 사이인 암흑 시대를 연구해서 일치 우주론을 넘어서는 완전히 다른 무엇인가가 나타나기를 고대한다. 첨단 중력파 탐지기들은 원자들 사이에서 일어나는 양자 간섭, 펄서에서 나오는 신호 조합 같은 전혀 색다른 현상을 이용한다. 이것은 블랙홀의 거동이나 초기 우주의 물리학에 관한 정보를 간접적인 방식으로 우리에게 제공할 것이다. 암흑 물질을 찾는 새로운 방법을 위한 실험들은 표준모형을 확장할 수 있는지 알려주거나 우주론에 관한 우리의 사고를 어떻게 전환할 수 있는지 알려줄 것이다. 우주 배경 복사가 일으키는 편광에 관한 연구들은 초기 우주에 관한 우리의 이해를 완전히 바꿀 우주 인플레이션의 특징들을 보여줄지도 모른다. 그런 신호가 발견되지 않는다면, 바운스 우주론처럼 인플레이션을 대신할 이론에 관한 연구가 활성화될 것이다. 암흑 에너지가 우주상수가 아니라면, 진공 에너지에 관한 대안 아이디어를 연구하는 실험실 실험들이 암흑 에너지 문제를 해결할 것이다. 우주를 수십 년에 걸쳐 관측하다 보면, 어느 먼 지점이 우리에게서 멀어지는 속도가 달라져 우주의 팽창을 직접 측정할 수 있을지도 모른다.

페드루 페레이라도 이 같은 다양한 접근법을 긍정적으로 바라본다. 그는 “각각 자신의 분야에 특화되어 있고 연관성이 없는 듯” 보이는 수많은 전문가들이 머리를 모아 새로운 무엇인가를 내놓는 것이야말로 반드시 필요한 일이라고 지적한다. “그러다 보면 누군가가 느닷없이 아이디어를 떠올릴 거예요. 그러고는 ‘아! 미래를 알 방법을 찾았어’라고 소리치겠죠.”

이 같은 프로그램이 얼마나 오래 걸릴지는 또다른 문제이다. 목표가 그저 우주상수와 다른 형태의 암흑 에너지를 구별하는 것이라면, 말 그대로 끝이 없을 것이다. 암흑 에너지가 태양보다 먼저 지구를 파괴할 것이라고 말하는 이론은 없다.

그러나 진공 붕괴는 다르다. 표준모형은 과학자들이 고안한 모든 실험들을 통과했지만 동시에 우리를 우주의 완전한 불안정성이라는 벼랑 끝으로 내몬다. 그러한 위험이 현실적인지 아니면 불완전한 이론의 추론 오류인지는 누구에게 묻느냐에 따라서 다르다(나와 이야기한 전문가들의 대답은 “우리 이론이 틀렸다는 사실을 보여주는 것”, “위험은 아주 낮다”, “이제까지는 운이 좋았을 뿐”에 이르기까지 매우 다양했다. 그러니 마음에 드는 것을 믿으면 될 듯하다). 어쨌든 “어떤 고통도 느끼지 못할 테니 걱정할 필요가 없다”*는 말이 아닌 진정한 위안을 얻고 싶다면, 구체적인 데이터를 찾아야 한다.

다행히 과학자들은 어디에서 데이터를 얻을 수 있을지 잘 안다.

---

* 마드리드 출신의 이론가이자 CERN 연구원인 호세 라몬 에스피노사에게 감사의 마음을 전한다. 무척 큰 도움이 되는 말이었다.

발견을 위한 장치

CERN은 지구상에서 누구도 원하지 않는 상황인 우주의 종말과 가장 집요한 관계를 맺는 곳이다. 거대 강입자 충돌기(LHC)가 있는 곳으로 유명한 CERN은 제네바와 가까운 프랑스-스위스 국경 지대에 실험실과 사무실 건물이 약 6제곱킬로미터에 걸쳐 흩어져 있다. 소방서와 우체국을 갖춘 작은 국경 마을 같은 CERN에는 실험실뿐 아니라 기계 공장과 선의의 의도로 지은 반물질 공장도 자리하고 있다. CERN 물리학자들은 LHC를 건설하기 한참 전인 1950년대부터 양성자를 서로 충돌시켜 아원자 입자의 본질을 밝히는 복잡하면서도 민감한 실험을 수행해왔다. CERN은 표준모형의 탄생에 큰 공을 세웠지만, 지난 50여 년 동안 계속된 실험에서는 표준모형에서 새로운 입자가 파고들 어떤 틈도 발견하지 못했다.

그래도 CERN은 멈추지 않았다. 물체를 충돌시키는 실험이 흥미로워서만은 아니다. 물론 무척 재미있기는 하다.

입자 충돌기에서 가장 중요한 요소는 에너지이다. 입자가 빠른 속도로 부딪힐수록 충돌 에너지는 높아지며, 충돌 에너지가 높을수록 더욱 새로운 물리학 영역에 도달할 수 있다. 충돌 에너지를 다른 국가의 돈으로 환전할 수 있는 법정 통화라고 생각해보자. $E=mc^2$을 통해서 충돌 에너지를 입자 질량으로 환전할 수 있다. 충돌의 총 에너지가 우리가 생성하려는 입자의 질량보다 크고 이론상 생성하려는 입자와 우리가 충돌시키는 입자들 사이에 어떤 종류든 상호작용이 일어날 수 있다면, 원하는 입자를 만들 수 있다. 확장된 버전의 표준모형에는 이제까지 발견된 입자들보다 훨씬 더 무거운 입자들이 포함되므로, 이 무거운 입자들을 발견하려면 더 높은 에너지에 도달해야 한다. 하지만 원하는 에너지 한계에 이르러 입자 하나를 생성하더라도 통계적으로 유의미한 신호가 되기에는 역부족이다. 과학자들은 수년 동안 LHC로 조 단위의 양성자들을 충돌시키며* 데이터를 축적한 뒤에야 힉스 보손의 발견을 인정했다.

이처럼 에너지의 한계를 계속 밀어붙이려는 노력 때문에 CERN은 그 존재 자체가 위협이라는 오명을 얻게 되었다. 사람들은 인류 역사상 한 장소에 그렇게 높은 에너지를 투입한 적이 한 번도 없었다면, 무슨 일이 벌어질지 누가 알겠냐고 다그친다. 대중이 걱정하는 시나리오에는 앞에서 이야기한 초소형 블랙홀의 생성이나 끔찍한 진공 붕괴 촉발도 포함된다. 다행히 이제까지 제시된 모든 부정적 시나리오에 대해서 우리는 그다지 걱정할 필요가 없다. LHC에서 발생하는 충돌 에너지는 우리를 둘러싼 우주 곳곳에서 입자를 소멸시키는 폭발과 비교하면 작은 점에도 미치지 못한다. 하지만 LHC가 10년 넘게 아무 문제 없이 가동되고 있는데도 물리학 지식이 없는 일반인들은 여전히 걱정을 떨치지 못하고 있다. 내가 2019년 2월에 CERN에 방문했을 때, 인터넷에는 LHC가 다른 차원과 통하는 통로를 연다거나 우주의 연대기를 "끔찍한 연대기"로 바꾼다는 농담이 그 어느 때보다도 많이 떠돌고 있었다.

* 10^{15}개에 가까울 것으로 추측되지만 "1,000조"는 과장일 듯하다.

• • •

CERN 단지 자체는 대부분이 그다지 특별하지 않다. 요란한 리셉션 로비를 지나면 나오는 1960년대식 저층 건물들은 모두 외벽이 칙칙하고 창틀에 어두운 금속 셔터가 달려 있어서 한물간 산업지대를 연상시킨다. 실험실이나 연구소가 있는 각각의 건물에는 동의 번호가 커다랗게 표시되어 있고, 사무실 문에 달린 명패는 연구원이 계속 바뀌기 때문인지 종이로 되어 있다. 단지 전체에서 CERN에 소속된 물리학자는 100명이 채 되지 않는다. 실험실과 사무실을 채운 수천 명의 사람들은 전 세계에서 모인 방문 연구자들로, 일주일에서 수년 동안 머물며 대규모 실험 진행에 필요한 현장 업무를 수행한다. 건물로 들어가 길고 어두침침한 복도를 걷다 보면, 내가 지금 세계에서 가장 유명한 실험시설에 와 있다는 사실을 잊게 된다. 대학원생과 박사 후 과정 연구자들이 노트북 자판을 마구 두드리거나 화이트보드에 방정식이나 실험 일정을 갈겨쓰는 평범한 대학교 물리학과 건물과 다를 것이 없다.

그러나 실험을 참관해보면 이런 평범함은 이내 완전히 사라진다.

나의 CERN 방문은 두 극단을 오갔다. 며칠 동안은 이론 분과 건물의 환한 2층 사무실에서 논문을 읽거나 휴게실에서 방정식을 끄적였고, 가끔은 다른 이론가들과 진공 붕괴에 대해서 논의하거나 암흑 물질에 관한 나의 연구에 대한 대화를 나누었다. 하지만 나머지 날들에는 안전모를 쓰고 100미터 지하로 내려가, 철제 통로에서서 상상하기 힘들 만큼 복잡한 장치들이 달린 25미터 높이의 원기둥을 바라보며 입을 다물지 못했다. 몇 마이크로초 안에 붕괴하는 입자들의 움직임과 에너지의 아주 미세한 변화를 감지하기 위한 CERN의 실험 장비들은 수천 개에 달하는 팀들의 전문가들이 수십 년간 설계하고 제작한 인류의 가장 진보된 정밀장치 중의 하나이다. 한편 이론가들은 공간과 우주 자체의 본질에 대한 실험들이 지닌 의미를 실험 장비만큼이나 복잡하지만 구체적인 실체가 없는 방정식들에서 찾으려고 한다. CERN은 무척 역동적인 곳이다.

그런 한편 CERN은 몹시 관료적인 곳이기도 하다. 세계 곳곳의 연구자들이 일하는 CERN은 23개국으로 이루어진 연합이 운영하는 기관으로 갖가지 국제 협정을 따라야 한다. 이 같은 국가 간의 공조는 비용이 많이 드는 대규모 연구에 꼭 필요하지만, CERN의 조직 구조 때문에 이곳의 설비와 새로운 실험의 미래는 과학적 고려뿐 아니라 국제 정치에 영향을 받을 수밖에 없다. 내가 CERN에 있는 동안 구내식당에서 오간 대화에서 가장 큰 화제는 새로운 실험의 흥미로운 결과가 아니라 "미래 원형 충돌기"를 건설하는 CERN의 계획에 관한 여러 신문들에 실린 사설이었다. LHC보다 훨씬 큰 미래 원형 충돌기가 건설되면, 27킬로미터에 달하는 LHC는 양성자가 미래 원형 충돌기 고리 안에서 회전을 시작할 속도에 이르게 하는 사전 가속기 역할에 머물게 된다. 미래 원형 충돌기는 현재 거대 강입자 충돌기에서 가능한 에너지보다 약 10배 강한 100TeV에 도달할 수 있다.

내가 CERN에 있는 동안 프레야 블렉먼이 지적했듯이, 이곳에서 이루어지는 실험은 준비 기간이 수십 년에 달하며 현재 실험들이 제시한 데이터를 분석하는 데에도 그만큼 오랜 시간이 걸리므로 앞으로 나아가야 할 실험 방향을 당장 논의해야 한다. 현재 거대 강입자 충돌기에서 나오는 데이터와 앞으로 업그레이드되면서 나올 데이터를 완전히 분석하는 데에는 10년 혹은 15년까지 걸릴 수도 있다. 블렉먼은 "그러므로 지금이 결정의 시간"이라고 말했다. "우리가 원하는 게 뭐죠? 전자-양전자 충돌기인가요? 그렇다면 선형이어야 할까요? 원형이어야 할까요? 각각의 장점과 약점은 뭐죠? 아니면 바로 고에너지의 양성자-양성자 충돌기로 해야 할까요?"

원대한 미래 원형 충돌기 건설 계획을 비롯한 새로운 입자 충돌기에 관한 사람들의 견해 차이는 무척 클 수 있다. 비용 문제(100억 유로 이상)를 차치하더라도, 더 큰 충돌기가 새로운 입자를 발견할 가능성에 대한 사람들의 기대는 각기 다르다. 도통 실체를 파악하기 어려운 "새로운 물리학"은 미래 원형 충돌기 같은 어마어마한 장치조차도 도달할 수 없는 아주 높은 에너지에서만 나타날지도 모른다. 아니면 에너지에만 집중하는 현재의 방향이 완전히 잘못된 것일 수도 있다. 우리가 아직 탐험하지 못한 영역이나 이미 확보한 데이터 중에 새로운 물리학에 관한 실마리가 숨어 있을지도 모른다.

CERN에서 나와 이야기를 나눈 연구원들은 표준모형을 더 잘 이해하기 위해서라도 더 높은 에너지에 도달해야 한다고 단언했다. 어쨌든 진공 붕괴의 망령이 비롯된 곳은 표준모형이다. 다모클레스의 칼이 우리의 머리 위에 매달려 있더라도 머리 위의 상황을 정확히 안다면, 그나마 안심이 될 것이다.

컴팩트 뮤온 솔레노이드(CMS) 합동 실험 프로젝트의 LHC 연구원으로 일하는 앙드레 다비드는 위와 같은 문제에 답하는 것이 미래 원형 충돌기를 비롯한 실험의 중요한 동기라고 지적한다. 그는 나를 CERN에 초청한 연구원이다. 그는 "사람들이 '100TeV 충돌기에 도전해야 한다'고 말하는 이유 중 하나는 이 문제에 마침표를 찍을 기회이기 때문"이라고 지적했다.

다비드의 말처럼 탁자 위에는 힉스 장의 본질과 운명(그리고 우리의 운명)이라는 퍼즐이 이미 올라와 있다. 우리가 이미 손에 넣어 분석하고 있는 데이터는 힉스의 본질을 좀더 자세히 알려주겠지만, 새로운 충돌기는 우리에게 진공 붕괴를 위협하는 불안정성이 무엇을 의미하는지에 관한 최종적인 답을 해줄 것이다.

제6장에서 이야기했듯이, 힉스 장이 어떻게 변할지 결정하는 수학적 구조인 힉스 퍼텐셜은 힉스 장이 종말을 불러일으킬 것인지도 결정하므로 인류에게 중요하다. 입자물리학의 성배라고 할 수 있다. 하지만 현재까지의 이론으로는 그 모습이 실제로 어떠할지를 알기 어렵다. 이제껏 나온 지식에 따르면 표준모형에서 계산이 힘든 여러 요소들이 미치는 영향에 따라서 힉스 퍼텐셜의 형태가 달라진다. 하지만 더 높은 에너지에서 작용하는 이론이 존재한다면 그림은 완전히 바뀔 수 있다.

CERN의 이론가인 존 엘리스(초대칭 이론의 대표적인 옹호자)를 포함해서 내가 대화를 나누어본 여러 연구자들은 힉스가 불안정해 보이더라도 그 불안정성은 우리 존재에 대한 위협이 아니라 우리가 이해하지 못하는 이론에 관한 신호라고 생각했다.

진공 붕괴 이론가인 호세 라몬 에스피노사는 우리가 그저 진짜 진공 거품이 나타나기를 마냥 기다리는 대신, 힉스 퍼텐셜의 본질을 이해하고 안정성의 칼날 위에 불안하게 서 있는 우리의 위치가 어떤 의미를 가지는지 알 방법을 찾기를 바란다.* 에스피노사는 "힉스 퍼텐셜이 반드시 우리가 지금 추측하는 모습일 이유는 없다"고 꼬집었다. "우리가 사는 곳은 아주 아주 특별하죠. 그래서 내게는 흥미로운 문제예요. 우리에게 뭔가를 말해주려는지도 몰라요." 힉스 퍼텐셜을 이해하는 열쇠는 입자와 장이 상호작용하는 방식과 그러한 상호작용이 고에너지 충돌에서 변하는 방식을 일컫는 "흐름 결합"에 있다. 에스피노사는 "우리가 이와 다른 무엇인가를 발견하지 않는 한 이는 LHC가 보내는 중요한 메시지 중 하나가 될 것"이라고 예측하며 다음과 같이 말했다. "LHC가 새로운 물리학을 발견하면 당연히 결합 흐름을 방해할 겁니다. 그렇다면 어떤 일이라도 일어날 수도 있죠. 퍼텐셜은 안정적일 수도 있고 아니면 더 불안정할 수도 있습니다. 알 도리가 없죠."

힉스 장을 더 잘 이해한다면 우주의 운명을 결정할 작은(그러나 중요한!) 지점을 찾을 수 있을 뿐 아니라 질량이 작용하는 방식이나 근본적인 힘들이 우리가 측정하는 세기로 나타나는 이유도 이해할 수 있을 것이다. 심지어 힘들을 통일하는 이론을 만들거나 양자 중력을 이해할 길을 안내해줄지도 모른다.

일치 우주론 또는 표준모형의 개선을 위한 관측이나 실험이 제시하는 지침은 큰 도움이 될 것이다. 순수 이론 분야에서는 상황이 더

* 에스피노사는 마냥 기다리는 것은 "어떤 일이 일어나는지 보지도 못한 채 아무것도 배울 수 없으므로" 좋은 방법이 아니라고 말했다.

더욱 이상하게 흘러가고 있기 때문이다.

흐릿한 광경

최근에 나는 노벨상 수상자이자 양자역학의 선구자인 폴 디랙이 프린스턴 고등연구소 앞에서 어깨에 도끼를 메고 서 있는 오래된 흑백 사진을 우연히 보았다. 1930년대부터 1970년대까지 연구소를 수없이 방문한 디랙은 연구소 건물 뒤에 있는 숲에 이론가들이 걸으며 실재의 본질을 이야기하고 생각할 새로운 길을 계속 만들었다고 한다. 폴 디랙이 만든 흙길을 내게 안내한 니마 아르카니-하메드 역시 양자역학에 관한 지금의 지식과 시공간의 개념 자체를 새롭게 닦고 싶어한다.

아르카니-하메드는 공간과 시간을 엄격하게 포함하지 않는 일종의 추상적인 수학을 바탕으로 한 완전히 새로운 틀을 적용하여 입자들 간의 상호작용을 계산하는 방식을 연구하고 있다. 아직 초기 단계인 그의 연구는 실험 결과가 아닌 특정한 이상적 계들에 적용된다. 하지만 그의 이론이 옳다고 밝혀지면 그 파장은 무척 클 것이다. "우리가 보고 있는 건 예컨대 그저 아기나 아기 장난감 아니면 그냥 장난 수준이라고 말할 수 있겠죠. 우리가 이제까지 이룬 것을 사람들이 어떻게 불러도 수긍할 수 있어요." 그가 내게 말했다. "하지만 중요한 건 시공간이나 양자역학을 동원하지 않아도 우리가 실제 세상에서 볼 수 있고 설명할 수 있는 것들과 그리 다르지 않은 실질적이고 구체적인 물리적 계의 예가 한두 개씩 나오고 있다는 거죠." 나는 공간과 시간이 실재가 아닌 우주에서 사는 것이 어떤 의미인지를 이해하려고 머리를 쥐어짜고 있다고 답했다. "동지가 된 걸 환영합니다." 그가 웃으며 말했다.

아르카니-하메드의 생각을 괴짜 이론가가 내놓은 터무니없는 소리로 취급할 수도 있지만, 사실 그런 생각을 하는 것은 그만이 아니다. 몇 달 후에 만난 클리퍼드 존슨은 "같은 이야기를 하는 사람을 많이 봤을 거예요"라고 대수롭지 않게 말했다. "어쨌든 우리는 오랜 시간 동안 끈 이론에서 논의되었던 한 가지 문제를 더 잘 이해하게 된 것 같아요. 시공간이 근본적이지 않다는 거죠."

그렇지. 그런 작은 차이가 있던 것이다. 역시.

존슨의 문제 접근법은 조금 다르다. 미시 척도 물리학과 거시 척도 물리학 사이의 예상치 못한 연관성을 다루는 양자 중력 이론에서 시공간 작용에 관한 우리의 상식에 반하는 흥미로운 실마리들을 찾을 수 있다. 간략하게 설명하자면, 반지름이 R인 가상 공간에서 어떤 실험을 할 경우, 반지름이 R분의 1인 훨씬 좁은 공간에서 같은 실험을 할 때와 그 결과는 같게 된다. 끈 이론에서 T-이중성(T-duality)이라고 불리는 이 현상은 우리에게 심오한 무엇인가를 알려주는 것이 분명해 보이는 무척 기이한 우연이다. 이에 대해서 존슨은 다음과 같이 설명했다. "사람들에게 이 현상에 대해서 물으면 모두 진짜가 아니라고 하겠죠. 크고 작음을 무시하면 애초에 시공간 전체를 무시하는 거니까요."

나를 안심시키려는 이론가도 있었다. 양자역학의 토대에 주목하는 캘리포니아공과대학의 우주론자 션 캐럴은 시공간이 엄연한 실재가 아니라는 생각은 다소 성급하다고 주장한다. "시공간은 근본적이지는 않지만 실재하죠." 그가 말했다. "여기 있는 탁자가 실재하지만 근본적이지는 않은 것처럼 말이죠. 이는 창발성에 관한 고차원적인 설명이에요. 그렇다고 해서 실재가 아니라고는 할 수 없어요." 캐럴은 우리가 이 문제에 집착하지 않아야 하는 이유는 시공간이 실재하지 않아서가 아니라 시공간이 무엇으로 이루어졌는지 진정으로 이해하게 되면, 심오한 차원의 시공간은 완전히 다른 모습일 것이기 때문이라고 설명했다.

사실 캐럴의 말은 내게 그리 위안이 되지는 않는다.* 물리학자로서 나는 감정에 치우치지 않으려고 항상 노력하지만, 시공간이 우리가 이야기할 수 있고 그 속에 있을 수 있다는 측면에서만 실재할 뿐, 우주가 실제로 무엇으로 이루어졌는지에 관한 측면에서는 실재하지 않는다고 생각하면, 언제라도 내 발밑의 모든 것들이 사라질 것만 같은 생각이 든다.

시공간의 실재 문제가 우주의 종말 방식이나 시기와 관련이 있을지는 아직 모른다. 시공간이 얼마나 실재적인지와 상관없이 어쨌든 우리 모두는 그 속에서 살고 있으며 시공간에서 일어나는 일은 우리에게 영향을 준다. 하지만 창발적 시공간이나 양자역학의 새로운 구성에 관한 생각이 더 심오한 근본적인 이론으로 이어진다면, 우리

* 션 캐럴이 내게 지적한 또다른 사실은 양자역학에 관한 그의 해석이 옳다면 바로 지금 진공 붕괴가 일어나는 여러 평행 우주에 우리의 수많은 복제가 존재한다는 것이다. 존재 위기에 대한 불안감을 떨치기 위해서 누군가에게 기대고자 한다면 캐럴을 찾지 않는 편이 낫다.

의 관점은 극적으로 바뀔 것이다. 존슨이 제안했듯이 거시 척도와 미시 척도 사이의 연결이 우주의 새로운 운명을 암시할지도 모른다. 아니면 양자역학을 수정하여 암흑 에너지를 마침내 설명하게 될지 모른다. 아르카니-하메드가 말했듯이, 우리가 우주상수와 열 죽음 미래에 관한 합의를 이루더라도 볼츠만 두뇌나 푸앵카레 재귀정리 측면에서 양자 요동이 어떤 일을 할 수 있는지 이야기하려면 대대적인 이론적 변화가 필요하다. 이에 대해서 그는 다음과 같이 설명했다. "제 생각에는 이 모든 걸 양자역학 틀에서 설명하고 이해하기란 거의 불가능해요. 대화를 이어가기 위해서는 양자역학을 어느 정도 확장해야 해요."

우리 우주의 본질에 관한 설명이 어느 정도 가능할지 역시 아직은 답이 없는 질문이다. 지난 약 10년 동안 물리학자들은 우리 우주와 극적으로 다를 여러 우주들로 구성된 이론적 다중 우주를 뜻하는 개념인 **경관**(landscape)에 관해서 치열하게 고민해오고 있다. 다중 우주 경관이 실제로 존재한다면, 우리가 사는 우주의 물성은 우리가 아직 이해하지 못한 심오한 원칙으로 만들어진 것이 아니라 단지 환경적인 요소일 뿐이 된다. 이 같은 다중 우주 개념은 이전에 존재한 공간에서 새로운 거품 우주들이 영원히 팽창한다는 몇몇 인플레이션 이론 버전에서 비롯되었다. 아르카니-하메드는 "우리야말로 세상의 고유한 답이라는 생각은 옳지 않아 보여요"라고 말했다. "그러나 한편으로는 경관, 영원한 팽창 같은 모든 문제들을 이해하려고 하다 보면 늪에 빠지게 되고 문제의 전체 개념이 애초부터 잘못된 것 같다는 생각이 들죠." 여러 잠재적 우주들로 이루어진 경관 개념에서도 근본적인 문제는 여전하다. "양자역학을 우주론에 어떻게 적용할지에 관한 질문들은 거의 맨 처음부터 제기되었어요. 새로운 문제가 아니죠. 50년 전에는 몹시 어려운 문제였는데, 지금도 몹시 어려운 문제예요."

오랫동안 캐나다 페리미터 이론물리학 연구소 소장으로 일한 닐 투록은 "우리가 지금 해야 하는 일은 우리의 발자취를 다시 따라가는 것뿐"이라고 확신한다. 우주 인플레이션의 대안을 찾는 그는 다음과 같이 꼬집었다. "50년 전을 되돌아보며 '아, 우리가 모래 위에 성을 쌓았구나'라고 말하게 될 거예요."

멀리 보기

드레이크 방정식(Drake Equation)이라는 유명한 우주생물학 공식이 있다. 우리 은하에서 인류와 교신할 수 있는 문명의 수를 이론적으로 계산하는 방정식이다. 항성의 수, 행성을 가진 항성의 비율, 생명이 존재할 행성의 비율, 지적 생명체가 존재할 비율 등을 곱하면, 외계에서 받을 것으로 기대되는 메시지의 수가 나온다. 물론 이 숫자들 중에서 다수는 현재 데이터로는 정확히 알 수 없으므로, 계산 결과는 무의미하다. 드레이크 방정식이 유용한 이유는 외계 생명체에 관한 우리의 추측들을 생각해보게 하고 이 문제에 대해서 우리가 무엇을 알고 모르는지를 이해하게 해주기 때문이다.

히라냐 페리스와 이야기하는 동안 나는 우주의 궁극적 파괴 역시 무척 비슷하다는 생각이 들었다. 나는 그녀에게 우리가 하는 계산에서 중요한 것은 최종 결과가 아니라 계산 자체가 아닌지 물었다. "숫자는 중요하지 않아요." 페리스가 동의했다. "테이블 위에 놓인 여러 선택들을 생각해보는 일이 중요한 거죠." 그리고 이 같은 사고 실험은 마침내 성과로 이어질 것이다. "계속 생각하다 보면 여러 가설들을 실험할 수 있는 멋진 방법이 나올 거예요. 그때까지 70억 년이 걸리지는 않겠죠."

그렇다면 얼마나 기다려야 돌파구를 마련할 수 있을까? 우리는 모른다(알 수 없다). 지금 우리는 지도의 가장자리를 탐험하고 있다. 물리학 지식이 더 나아지고 확장되고 있다고 보는 무척 낙관적인 클리퍼드 존슨조차도 시간이 얼마나 걸릴지는 확신하지 못한다. "앞으로 한 200년 동안 데이터를 모은 뒤 신호를 찾게 돼 '아, 모든 게 눈앞에서 벌어지고 있는데도 몰랐구나' 하고 깨달을지도 모릅니다. 답답한 노릇이죠. 하지만 우리가 답을 구하려는 질문이 얼마나 원대한지 떠올리면 그럴만한 일입니다. 인간의 수명이라는 시간 척도에서만 생각해야 할 이유가 있을까요?"

그동안 우리는 계속 숲속에 새로운 길을 닦으며 그곳에 무엇이 숨어 있는지를 알아낼 것이다. 미지의 거친 먼 미래에는 태양이 팽창하고, 지구는 소멸하며, 우주 자체도 마침내 종말을 맞을 것이다. 그전까지 우리는 광활한 우주를 탐험하며 창의력을 한계까지 끌어올려 우리가 사는 곳을 이해할 새로운 방법들을 찾을 것이다. 우리는 놀라운 것들을 배우고 만들며 공유할 수 있다. 사고하는 존재인 우리는 "다음은 뭘까?"라는 질문을 결코 멈추지 않을 것이다.

제9장

에필로그

"하지만 우리가 여기에서 하는 어떤 일도 계속될 거라고 장담할 수 없고
우리가 한 최고의 행위들조차 우리보다 더 오래 존재할 확률이 낮다면,
포기하지 않을 이유가 있을까?"
"세상에 모든 이유가 있지." 러드가 말했다.
"우리는 여기에 있고 여기에 살아 있어.
마지막 완벽한 여름날의 아름다운 저녁이지."
—알라스테어 레이놀즈, 『얼음 밀기(*Pushing Ice*)』

마틴 리스는 성당을 짓지 않는다.

우리가 화창한 6월 아침 케임브리지 대학교 천문학 연구소에 있는 그의 사무실에 앉아 있는 동안 그는 나에게 우리가 아는 인류는 잊힐 것이라고 말했다. "중세에 성당을 짓던 사람들이 자신의 삶보다 오래 남을 성당을 지으면서 행복해한 이유는 자손들이 성당을 보며 감탄하고 자신과 같은 삶을 살 거라고 생각했기 때문이죠. 하지만 우리는 그렇지 않아요." 인류의 미래와 멸망의 여러 가능성에 관한 책들을 집필해온 그에게 미래 예측은 익숙한 일이다. 그는 문화적, 기술적 의미의 진화 속도가 몹시 빨라지고 있기 때문에 우리는 수백 년 또는 수천 년 후에 세상을 지배할 지적 존재가 어떤 모습일지 전혀 예상할 수 없다고 주장한다. 하지만 확실한 점은 우리를 신경 쓰

지 않을 것이라는 사실이다. "100년 동안 이어질 유산을 남기려는 생각은 과거보다 더 담대한 열망이 되었죠." 리스가 말했다.

"그 사실이 우울한가요?" 내가 물었다.

"무척 우울하죠. 하지만 세상이 우리가 원하는 대로 되어야 한다는 법은 없잖아요?"

우주의 종말을 진지하게 생각하면 종말이 인류에게 뜻하는 의미에 대한 기대를 낮출 수밖에 없다. 당신이 리스의 견해를 지나치게 비관적이라고 여기더라도 유한한 연대기에서 우리가 인간 종으로서 남긴 유산이……더 이상 존재하지 않는 순간은 반드시 온다. 우리는 유산을 남긴다는 합리화(자녀를 출산하거나 위대한 예술 작품을 만들거나 세상을 더 나은 곳으로 만들려는 행동)로 죽음의 숙명과 타협하려고 하지만 만물의 궁극적 파괴 앞에서는 그 어떤 것도 살아남을 수 없다. 우주적 관점에서 인류가 한때 존재했다는 사실은 전혀 중요하지 않다. 우주는 차갑고 어두우며 공허한 공간이 되고 인간이 한 모든 일은 잊힌다. 이 같은 사실이 지금 우리에게 어떤 의미일까?

히라냐 페리스는 한마디로 답했다. "슬픔이죠."

"몹시 슬픈 일이죠." 그녀가 말했다. "달리 어떻게 표현해야 할지 모르겠어요. 그게 우주의 운명일 거라고 말하면 눈물을 흘리는 사람도 있어요."

관점을 달리 해볼 수도 있다. "난 우주에 수많은 일이 일어난 역동적인 시기가 있었다는 사실이 무척 흥미로워요." 페리스가 말했다. "하지만 완전한 어둠과 추위의 시대가 훨씬 길 거예요. 끔찍하죠. 그렇게 생각하면 인류가 이 모든 상황을 처음으로 알게 된 짧은 시기를 살고 있다는 게 얼마나 다행인지 몰라요."

"문득문득 가슴이 먹먹해지죠." 앤드루 폰젠도 동의했다. "그러다가 지금 이곳 지구에서 일어나는 가까운 문제들을 걱정하기 시작하면 스스로 어이가 없어지죠. 우리는 우주의 열 죽음보다 훨씬 심각한 상황에 놓여 있어요. 따라서 시간 척도가 훨씬 짧은 문명에서 우리가 직면하는 문제들을 걱정하게 되죠. 내가 뭔가를 걱정해야 한다면 열 죽음이 아니라 문명인으로서의 문제죠."

"난 사실 우주의 죽음에 어떤 감정도 느끼지 않는 듯해요." 폰젠이 말을 이었다. "하지만 지구의 죽음에는 느끼죠. 난 내가 50년 안에 죽는 건 상관없어도 지구가 50년 안에 죽기는 바라지 않아요."

나도 많은 부분에서 그의 생각과 같다. 열 죽음, 진공 붕괴, 빅 립 같은 일은 우리가 걱정해야 할 목록에서 윗부분을 차지할 수 없다(우주의 파괴 앞에서 우리가 무력하다는 사실을 차치하더라도 말이다). 살아 있는 존재로서 우리가 스스로의 삶 그리고 자신과 시간적, 공간적으로 가까운 자들의 삶을 돌보느라 우주의 가늠하기도 힘든 먼 미래는 거의 생각하지 않는 것은 자연스러운 일이다.

그래도 나는 감정적인 면에서 "우리는 영원하다"는 생각과 "우리는 유한하다"는 생각에는 엄청난 차이가 있다고 믿는다. 니마 아르카니-하메드도 같은 생각이다. "절대적으로 가장 심오한 차원에서……사람들이 유한함에 관해 생각해봤다고 솔직히 인정하건 안 하건(인정하지 않는다면 무척 애석한 일이지만)……삶에 목적이 있다고 생각한다면, 그런 목적은 죽음이 불가피한 우리의 보잘것없는 숙명을 초월하는 무언가와 연결되어 있을 거예요. 최소한 내 생각으로는 그래요." 그가 내게 말했다. "다시 한번 말하지만 솔직하게 인정하건 안 하건 많은 사람이 과학을 연구하든 예술 활동을 하든 어떤 일을 하는 건 뭔가를 초월한다고 생각하기 때문이죠. 영원한 무엇인가와 접촉하는 거예요. '영원'이라는 단어는 무척 중요해요. 아주 아주 아주요."

프리먼 다이슨은 지적 생명체를 영원히 보존할 방법을 찾기를 바랐다. 그는 1979년에 쓴 논문에서 작동 속도를 계속 늦추고 간헐적으로 잠에 빠지는 방식으로 지적 장치를 무한한 미래까지 존재하게 하는 방법을 제안했다. 그의 계산은 우주 팽창이 가속하지 않는다는 가정하에 이루어졌지만, 안타깝게도 우주 팽창은 가속되고 있는 것으로 추측된다. 가속이 계속된다면 다이슨의 계획은 실현될 수 없다. 그는 "실망스러운 일"이라고 인정하며 다음과 같이 말했다. "우리는 자연이 제공하는 것을 받아들여야 한다. 우리 삶이 유한하다는 사실처럼 말이다. 이는 그리 비극은 아니다. 오히려 매우 다양한 방식으로 우주를 더 흥미롭게 만든다. 우주는 항상 다른 무엇인가로 진화한다. 그러나 만물이 유한하다는 것 역시……우리의 운명일지도 모른다. 그렇더라도 나는 진화가 영원히 계속되기를 바란다."

누가 알겠는가? 실제로 그럴 것이라고 생각하는 사람들도 있다. 로저 펜로즈는 더 나은 길이 있다고 여긴다. 그가 지난 약 10년 동안 연구하며 개발한 일치 주기 우주론에 따르면, 우주는 빅뱅에서 열 죽음으로의 주기를 영원히 반복하고 이전 주기의 어떤 흔적이 다음 주기로 넘어가기도 한다. 다음 주기를 통과한 무엇인가가 의식을 지닌 존재들에 관한 특별한 정보를 담고 있을지도 모른다는 생각은 현재로서는 근거가 희박한 추측에 불과하지만, 그러한 가능성이 지닌 의미는 심오하다고 펜로즈가 지적했다. "내 생각이 옳다고 확신할 수는 없지만, 슬픔을 조금이나마 덜 수는 있어요……누군가의 죽음 뒤에 어떤 유산이 남을 수도 있다고 상상한다면 말이죠."

다중 우주 경관의 가능성도 위안을 줄 수 있다. 임페리얼 컬리지 런던의 우주론자로 우주 인플레이션에서부터 은하의 진화에 이르기까지 다양한 분야를 연구해온 조너선 프리처드는 인간이 열로 소멸하고 아주 오랜 세월이 흐른 뒤에도 우리와 연결되어 있지 않은 먼 어딘가에서 무엇인가가 존재할 수 있다는 생각에 희망을 건다. "모든 게 항상 진행 중인 다중 우주가 어딘가에 있을 거예요." 프리처드가 말했다. "그렇게 생각하면 기분이 좋아져요."

"그래도 우리는 결국 죽잖아요." 내가 물었다.

프리처드는 당황하지 않고 답했다. "이건 우리에 관한 문제가 아니잖아요."

영원한 다중 우주에 동의하지 않는다면, 최소한 물리학 관점에서는 우리의 다가올 죽음이 좋은 일일지도 모른다. 닐 투록은 미래에 있을 시간의 끝과 우주 지평선의 존재는 우주에 단단한 울타리를 치기 때문에 우주를 궁극적으로 이해하는 문제에 유용한 한계를 설정해준다고 지적했다. 빛의 파동은 팽창을 가속하는 유한한 우주를 수없이 오갈 것이다. "어쨌든 우리는 상자 안에서 살고 있잖아요? 유한한 곳이죠. 그게 사실이라면 우리가 이해할 수 있다는 의미니 반겨야 해요. 우주가 유한하다면 문제는 훨씬 쉬워져요." 프리처드가 설명했다. "과거는 유한하고, 공간은 지평선 때문에 유한하며, 모든 건 유한한 수로 진동하니 미래도 유한하죠. 우와! 우주를 이해할 수 있다는 이야기죠. 내가 천성적으로 낙관적이긴 하지만, 어쨌든 세상은 우리 손안에 있다는 의미예요."

우주가 어떤 식으로든 종말을 맞는다면, 나는 그 사실을 어쩔 수 없이 받아들여야 한다고 생각한다. 페드루 페레이라는 훨씬 더 나아간다. "아주 멋질 거예요. 무척 단순하고 깔끔하죠."

"난 사람들이 태양이나 다른 모든 것의 죽음에 대해 왜 그렇게 우울해하는지 도통 모르겠어요." 그가 말을 이었다. "난 그 고요함이 좋아요."

"우주에 결국 우리의 유산이 전혀 없다 해도 괜찮은가요?" 내가 물었다.

"괜찮고 말고요." 그가 답했다. "난 우리가 찰나의 존재라는 사실이 무척 좋아요……그 사실을 떠올리면 언제나 기분이 좋죠." 그러고는 덧붙였다. "모든 건 일시적이에요. 현재 진행 중이고요. 언제나 과정이죠. 여행이고요. 우리가 어디에 이르든 누가 신경 쓰겠어요?"

솔직히 말하면 나는 신경 쓴다. 존재에 관한 이 위대한 실험의 끝, 마지막 페이지, 대단원에 신경을 쓰지 않으려면 무진장 애를 써야 한다. 이것은 여행이다. 스스로에게 되뇐다. 이것은 여행이다.

어떤 일이 일어나든 우리 잘못이 아니라는 사실이 위안이 될지도 모른다. 르네 흘로젝도 전적으로 동감했다.

"내 연구가 100퍼센트 옳고 내가 완벽한 과학자라고 해도 그런 사실이 우주의 운명을 전혀 바꿀 수 없다는 사실을 떠올리면 기분이 무척 좋죠." 그녀가 말했다. "우리가 하려는 건 우주를 이해하는 것뿐이죠. 이해한다고 해도 바꿀 수 있는 건 없어요. 이는 두려움이 아닌 자유의 감정을 불러일으켜요."

흘로젝에게 열 죽음은 우울하거나 지루한 주제가 아니다. "냉정하면서도 아름답죠. 우주 스스로 삶을 정리하는 거예요."

"사람들이 당신 책을 읽고 깨달았으면 하는 건 빛을 관찰한 다음(중력파도 관찰할 수 있지만) 비교적 간단한 수학적 사고로 우주의 그림을 그리는 게 가능하다는 사실이에요." 흘로젝이 말했다. "우리가 아무것도 바꿀 수 없다 해도, 아무것도 바꿀 수 없다는 바로 그 지식……그 지식도 사라질 테고 모든 인간은 죽을 테지만, 바로 지금 그 지식은 위대한 거죠. 바로 그 이유 때문에 내가 지금 내 일을 하는 거예요."

나는 그녀가 무슨 말을 하는지 알 것 같았다. 내가 우주에 관한 지식을 누군가와 공유하거나 보존하지는 못하더라도 우주의 비밀을 캐내고 싶어할까? 그럴 것이다. 이는 중요한 문제처럼 보인다. "뭔가를 하는 거에는 목적이 있죠. 그게 사라진다고 해도 말이죠."

"지금의 당신을 바꾸기 때문에 아닌가요?" 그녀가 맞장구쳤다. "난 우리가 암흑 에너지로 갈기갈기 찢어지는 시대가 아닌 암흑 에너지를 관찰할 수 있는 시대에 살고 있다는 사실이 무척 기뻐요. 하지만 그건 우리가 우주를 이해하고, 그 사실에 기뻐하고 그런 다음에는……. '안녕히, 그리고 물고기들 모두 고마웠어요'라고 말하고 나면 그만인 거예요. 쿨하게 말이죠."

쿨하게.

감사의 말

나는 내가 저자가 되리라고는 상상도 하지 못했다. 이 지면에 이름을 밝히는 사람뿐 아니라 다른 수많은 사람들의 도움이 없었다면, 나는 결코 저자가 되지 못했을 것이다. 여기에서 밝히는 몇몇보다 훨씬 많은 동료와 친구들에게 어떻게 해도 갚지 못할 소중한 도움과 조언을 지난 몇 년 동안 얻었다. 이 책에 이름이 나왔든 나오지 않았든 당신이 그중 한 명이라면 내 감사의 마음을 받아주기를 바란다. 이 책은 당신의 책이기도 하다(마음에 들길!).

집필을 시작할 때는 종이에 끄적인 흐릿한 생각이 전부였고 누군가가 과연 읽게 될지 확신할 수 없었다. 다행히 인내심이 놀라우리만큼 강하고 프로패셔널하며 항상 용기를 북돋아준 출판 에이전트 몰리 글릭과 열정적인 스크리브너 출판팀이 나를 처음부터 끝까지 훌륭하게 이끌어주었다. 특히 대니얼 로델의 피드백과 편집 덕분에 나의 원고는 예리해지고 구체화되었으며, 낸 그레이엄은 처음부터 내가 쓸 수 있다고 믿어주었다. 지난 몇 달 동안 이 책이 세상에 나오도록 지치지 않고 일해준 스크리브너의 새러 골드버그, 로잘린 마호터, 아비가일 노벅, 조이 콜과 영국 펭귄의 카시아나 이오니타, 에티 이스트우드, 다미카 라이트에게도 감사의 말을 전한다. 닉 제임스는 멋진 삽화를 그려주었고 로렐 틸턴과 애너 가벨라는 책의 구성을 짜는 데에 도움을 주었다.

취재를 이유로 여러 훌륭한 물리학자, 천문학자들과 만나서 과학에 대한 이야기를 할 수 있었던 것은 크나큰 행복이었다. 그들은 우주에 관한 나의 사고방식에 심오한 영향을 주었다. 앤디 알브레히트, 니마 아르카니-하메드, 프레야 블렉먼, 션 캐럴, 앙드레 다비드, 프리먼 다이슨, 리처드 이스터, 호세 라몬 에스피노사, 페드루 페레이라, 스티븐 그래턴, 르네 흘로젝, 앤드루 자프, 클리퍼드 V. 존슨, 히라냐 페리스, 스털 피니, 로저 펜로즈, 앤드루 폰젠, 조너선 프리처드, 메러디스 롤스, 마틴 리스, 블레이크 셔윈, 폴 스타인하트, 안드레아 탐, 닐 투록이 나의 끊임없는 질문에 기꺼이 답해주었다. 원고를 읽은 뒤 무척 유용한 피드백을 준 애덤 베커, 레이섬 보일, 세바스티앙 카라소, 브랜드 포트너, 한나로러 겔링-던스모어, 새러 켄드류, 토드 라우어, 웨이캉 린, 로버트 맥니, 토비 오페르쿠치, 라켈 리베이로에게도 큰 빚을 졌다. 이 책의 모든 오류는(분명 많을 것이다) 이 모든 이들의 훌륭한 집단 지성을 제대로 반영하지 못한 나의 잘못이다.

지난 2년 동안 나는 많은 물리학자들에게 기술적인 질문 공세를 퍼붓는 동시에 가까운 모든 이들도 책에 대한 집착으로 괴롭혔다. 나의 끊임없는 질문, 조언 요구, 안달을 모두 견뎌준 친구들과 가족 그리고 글쓰기와 출판에 관한 시각을 제공한 모든 저자들에게 깊은 감사의 말을 전한다. 내가 살아오는 내내 가족(특히 엄마와 자매 제니퍼)은 용기를 북돋아주고 도움을 아끼지 않았으며 내가 가족 모임에서 과학과 책 이야기만 해도 너그러이 들어주었다. 글쓰기

팁과 제목에 관한 아이디어를 준 메리 로비넷 코왈, 대중과의 대화라는 새로운 영역으로 나를 이끌어준 도런 웨버, 집필에 관한 무척 유용한 조언을 준 대니얼 에이브러햄, 딘 버넷, 모니카 번, 브라이언 콕스, 헬렌 체르스키, 코리 닥터로, 브라이언 피츠패트릭, 타이 프랭크, 리사 그러스먼, 로빈 인스, 에밀리 락다왈라, 지야 메랄리, 로즈메리 모스코, 랜들 먼로, 제니퍼 울레트, 새러 파캑, 필 플라이트, 존 스칼지, 테리 버츠, 앤 위턴, 윌 위턴, 끊임없이 용기를 주고 아이디어를 끌어내준 셜럿 무어, 브라이언 말로, LA 너드 브리게이드, 영감과 멋진 음악을 선사해준 앤드루 호지어 번 모두에게 감사한다.

노스캐롤라이나 주립대학교의 혁신적인 대중과학 리더십 클러스터 프로그램이 없었다면, 아직 정년 보장을 받지 않은 교수인 내가 대중에게 다가갈 이 프로젝트를 감히 시작하지 못했을 것이다. 물리학과와 이과대학의 아낌없는 지원 덕분에 저자, 연구자, 멘토, 교사의 역할을 균형 있게 해낼 수 있었다.

취재 동안 나는 수많은 연구소의 동료 물리학자들을 만나서 우리의 모든 노력에 관한 새로운 시각을 얻을 수 있었다. 나를 환대해준 CERN, 고등연구소, 페리미터 연구소, 아스펜 물리학 센터, 임페리얼 칼리지 런던, 유니버시티 칼리지 런던, 케임브리지 카블리 우주론 연구소, 옥스퍼드 비크로프트 연구소의 모든 관계자에게 고마움을 전한다.

마지막으로 이 책의 많은 원고가 쓰인 장소인, 주발라 커피의 멋진 직원들에게 고맙다는 말을 하고 싶다. 주발라의 녹차와 오트밀 덕분에 살 수 있었다.

역자 후기

잠이 오지 않는 밤 갖가지 생각에 빠지다 보면 어느 순간 존재 위기의 두려움이 급습한다. 이렇게 숨 쉬고, 침구에서 희미하게 나는 섬유유연제 향을 맡고, 어둠을 응시하고, 바깥 도로를 지나는 자동차 소리를 듣고 있는 내가 정말 언젠가는 사라진다고? 답이 없는 문제에 눈을 질끈 감아버린 뒤 잠이 들면 다행이지만 두려움이 오히려 더 커지면 가슴이 죄어와 이불을 마구 걷어찬다.

이 책의 저자 케이티 맥은 이 같은 상념의 중심을 '나'에서 '지구' 그리고 '우주'로 확장한다. 로버트 프로스트의 시처럼 지구는 불로 끝난다. 약 50억 년 안에 적색거성으로 부푼 태양의 열기를 견디지 못하고 잿더미가 될 것이다. 그렇다면 우주는? 우리는 최종적인 답을 모른다. 주어진 것은 다섯 가지 시나리오뿐이다. 우주는 팽창 방향을 바꾸어 내부 붕괴할 수도 있고, 모든 에너지가 사라질 수도 있고, 갈가리 찢길 수도 있으며, 죽음의 거품에 갇힐 수도 있고, 수축과 팽창을 영원히 반복할 수도 있다.

맥은 각각의 시나리오를 흥미진진하면서도 알기 쉽게 설명하고 가장 확률이 높은 시나리오의 순서도 알려준다. 본격적으로 우주의 끝을 이야기하기 전에 우주론 지식이 부족한 독자를 위해서 우주의 시작을 이야기하는 배려도 잊지 않는다. 그는 독자가 미분기하학 같은 수학적 지식이 있다면 이야기는 훨씬 흥미로울 것이며, 때로는 양자장 이론의 모든 것을 말하고 싶은 욕구를 참기 위해서 엄청난 자제력을 발휘해야 한다고 말하지만, 그의 책은 우주의 미래를 다룬 몇 안 되는 저서들 중 페이지를 넘기기가 가장 쉬운 책일 것이다.

전 세계에서 SNS 팔로워가 가장 많은 과학자들 중 한 명인 그의 첫 책에 유수의 언론사에서 찬사가 쏟아졌다. 「커커스 리뷰」는 맥의 유쾌한 글은 우주의 죽음에 관한 생각을 재미로 승화한다고 평가했다. BBC는 350만 명의 트위터 팔로워와 대화해온 맥이 일반 대중에게 다가가는 방법을 훌륭하게 터득했다고 보도했다. 「뉴욕 타임스」는 맥의 이 책이 친숙하고 유쾌한 문체로 과학적 신비와 미스터리가 가득한 우주의 역사로 독자를 안내한다고 알렸다.

나 개인의 존재 위기에 그치지 않고 만물의 존재 위기를 이야기하는 책을 읽다 보면 가슴이 더더욱 답답해지지는 않을까? 저자 역시 학부생 시절 우주가 지금이라도 당장 멸망할 수 있다는 천체물리학 교수의 말을 듣고는 자신을 받치고 있는 발밑의 바닥도 못 믿게 되었다. '존재에 관한 위대한 실험의 끝, 마지막 페이지, 대단원'을 그저 무심하게 대하기가 쉽지 않다고도 고백했다. 하지만 이 책에 대한 여러 평가에서 알 수 있듯이, 저자의 글은 따라가기 쉽고 재미있다. 책을 읽다 보면 존재의 끝에 대한 먹먹함은 새로운 지식의 발견으로 인한 짜릿함과 충족감으로 대체된다.

어쨌든 빅 크런치든, 열 죽음이든, 빅 립이든, 바운스든 지구가 다 타버린 수십억 년 뒤에나 일어날 것이고 진공 붕괴가 당장이라도 일어날 수 있더라도 소행성이 지구와 충돌할 확률보다 극히 낮지 않은가? 앤드루 폰젠의 말처럼 "시간 척도가 훨씬 짧은 문명" 속에서 사는 우리가 "뭔가를 걱정해야 한다면 열 죽음이 아니라 문명인으로서의 문제"일 것이다. 죽음의 숙명뿐 아니라 필연적인 우주 종말 앞에서 우리가 할 일은 순간에 최선을 다하는 것 말고 달리 무엇이 있을까? 르네 흘로젝이 말했듯이, "우리가 아무것도 바꿀 수 없다 해도, 아무것도 바꿀 수 없다는 바로 그 지식……그 지식도 사라질 테고 모든 인간은 죽을 테지만, 바로 지금 그 지식은 위대한 것"이다. 그렇다면 만물의 끝을 생각하면 삶은 오히려 풍성해질 것이다.

유럽에서 16세기부터 유행해서 많은 가정의 서재나 침실에 걸린 바니타스 정물화는 돈, 귀금속, 술 같은 세속적인 물건과 함께 해골이 등장한다. 바니타스 미술의 목적은 감상자를 허무함에 빠지게 하려는 것이 아니라 끝을 항상 생각하게 함으로써 세속적인 욕망에서 벗어나 순간의 진정한 행복을 누리게 하는 것이었다. 모쪼록 이 책이 독자 모두의 바니타스 정물화가 되기를 바란다.

2021년 여름

하인해

찾아보기

ㅅ

ㅇ